"十二五"职业教育国家规划教材
经全国职业教育教材审定委员会审定
高等职业教育自动化类专业规划教材

自动化设备检测与控制技术

主　编　曹　菁
副主编　王　洋　兰天鹏

电子工业出版社

Publishing House of Electronics Industry

北京·BEIJING

内 容 简 介

全书共分七个项目，介绍了自动化设备中常用的检测与控制技术，主要以信捷 XC 系列 PLC、TH 系列触摸屏等机型为重点，从硬件组成到软件设计分别进行了介绍，并介绍了常用传感器的安装和使用，以及 PLC、触摸屏、变频器和伺服系统等的综合应用。

本书以实际工程项目构建教学体系，以具体任务为教学主线，以实训场所为教学平台，将理论教学与技能操作训练有机结合，建议采用"项目教学"法完成课程的理论实践一体化教学，通过使教、学、练紧密结合，突出学生操作技能、设计能力和创新能力的培养和提高。

本书可作为高等职业院校电气自动化技术、机电一体化技术、数控设备应用与维护、机械制造与自动化等相关专业的教材，选用学校可根据实际需要，灵活选择不同的项目进行教学；也可供有关工程技术人员参考和使用。

未经许可，不得以任何方式复制或抄袭本书之部分或全部内容。
版权所有，侵权必究。

图书在版编目（CIP）数据

自动化设备检测与控制技术/曹菁主编．—北京：电子工业出版社，2015.12
ISBN 978-7-121-27812-9

Ⅰ．①自… Ⅱ．①曹… Ⅲ．①自动化设备－检测－高等学校－教材 ②自动化设备－自动控制－高等学校－教材 Ⅳ．①TP23

中国版本图书馆 CIP 数据核字（2015）第 296062 号

策划编辑：朱怀永
责任编辑：底　波
印　　刷：北京盛通商印快线网络科技有限公司
装　　订：北京盛通商印快线网络科技有限公司
出版发行：电子工业出版社
　　　　　北京市海淀区万寿路 173 信箱　邮编　100036
开　　本：787×1092　1/16　　印张：17　　字数：430 千字
版　　次：2015 年 12 月第 1 版
印　　次：2023 年 3 月第 5 次印刷
定　　价：38.80 元

凡所购买电子工业出版社图书有缺损问题，请向购买书店调换，若书店售缺，请与本社发行部联系，联系及邮购电话：(010) 88254888。
质量投诉请发邮件至 zlts@phei.com.cn，盗版侵权举报请发邮件至 dbqq@phei.com.cn。
服务热线：(010) 88258888。

前　言

传感器检测技术是现代科技的前沿技术，发展迅猛，它同计算机技术与通信技术一起被称为信息技术的三大支柱，许多国家已将传感器检测技术列为与通信技术和计算机技术同等重要的位置。现代传感器检测技术具有巨大的应用潜力，发展前景十分广阔。可编程控制器（PLC）自诞生以来，以其功能强大、可靠性高、编程简单、使用方便、体积小、功耗低等优点在工业自动化控制领域中的应用越来越广泛，并被誉为现代工业生产自动化的三大支柱之一，而且随着集成电路的发展和网络时代的到来，PLC将会获得更大的发展空间。

本书立足高等职业教育人才培养目标，在编写过程中，突出高等职业教育为生产一线培养技术型人才和管理型人才的教学特点，以加强实践能力的培养为原则，精心组织内容，力求简明扼要，突出重点，主动适应社会发展需要，使其更具有针对性、实用性和可读性，努力突出高等职业教育教材的特点。

本书主要特点如下：

1. 基于实际工作过程，教学内容项目化

教学项目主要来源于企业实际工程项目，以任务为教学主线，通过精心选择和设计不同的项目，巧妙地将知识点和技能训练融于各个项目之中。教学内容强调实用性、可操作性和可选择性。

2. 理实一体，教、学、做合一

将理论教学与技能操作训练有机结合，以实训场所为教学平台，采用"项目教学法"完成课程的理论实践一体化教学，通过使教、学、做紧密结合，突出了学生实践能力和创新能力的培养和提高，真正体现了高等职业教育的特色。

3. 利用网络平台，构建立体化教材资源

依托网络平台，配套建设教材立体化资源，包括相关课程标准、电子教案、多媒体课件、完整的项目程序等教材资源，构建新型教学模式，充分调动学生的学习积极性。

4. 本书将传感器、PLC、变频器、伺服驱动器和触摸屏等内容有机整合到一起，体现了知识的系统性、完整性和创新性。内容适当引入新器件、新技术，以及技术发展和知识拓展性内容，能动态跟踪现代控制技术的发展。

本书教学内容注重实用，联系实际，深入浅出，便于理论实践一体化教学。学生通过这些项目的学习可以实现零距离上岗。

本书由江苏信息职业技术学院曹菁担任主编，负责全书的统稿工作。曹菁、王洋编写了项目一～项目五及附录，徐少峰、程亦斌编写了项目六、项目七。

因编者水平和时间有限，书中难免不足之处，恳请有关专家、广大读者及同行批评指正，以便改进。同时，对本书所引用的参考文献的作者深表感谢。

编　者
2015 年 9 月

目　　录

项目一　温度控制系统 ··· 1
　　一、任务提出 ··· 1
　　二、相关知识 ··· 2
　　　　（一）温度扩展模块的使用 ··· 2
　　　　（二）Pt100 温度传感器 ··· 6
　　　　（三）固态继电器的使用 ·· 8
　　　　（四）PID 功能应用 ··· 9
　　　　（五）PID 自整定方法选择 ·· 12
　　三、任务分析 ··· 14
　　四、任务实施 ··· 18
　　五、知识拓展 ··· 26
　　　　（一）其他温度传感器的应用 ··· 26
　　　　（二）PID 参数手动整定 ·· 30
　　　　（三）扩展模块的 PID 功能 ··· 31
　　思考与练习一 ··· 33

项目二　恒压供水控制系统 ·· 35
　　一、任务提出 ··· 35
　　二、相关知识 ··· 36
　　　　（一）远传压力表 ·· 36
　　　　（二）变频器 ·· 37
　　　　（三）扩展模块（A/D、D/A 转换模块） ······························· 39
　　三、任务分析 ··· 43
　　四、任务实施 ··· 46
　　五、知识拓展 ··· 52
　　思考与练习二 ··· 61

项目三　异步电动机闭环定位换速控制系统 ··································· 62
　　一、任务提出 ··· 62
　　二、相关知识 ··· 63
　　　　（一）光电编码器 ·· 63
　　　　（二）接近开关 ··· 67

（三）Modbus 通信 ··· 71
　　（四）变频器的应用（通信控制） ··· 73
　　（五）高速计数 ·· 75
三、任务分析 ·· 83
四、任务实施 ·· 87
五、知识拓展 ·· 97
　　（一）变频器驱动电动机多段速运行 ·· 97
　　（二）自由格式通信 ··· 98
　　（三）高速计数中断 ··· 102
思考与练习三 ··· 106

项目四　机器视觉控制系统 ·· 108
一、任务提出 ·· 108
二、相关知识 ·· 109
　　（一）机器视觉的工作原理 ·· 109
　　（二）机器视觉硬件部分 ·· 109
　　（三）机器视觉软件部分 ·· 116
三、任务分析 ·· 121
四、任务实施 ·· 123
五、知识拓展 ·· 137
思考与练习四 ··· 143

项目五　面条称重机控制系统 ·· 145
一、任务提出 ·· 145
二、相关知识 ·· 146
三、任务分析 ·· 150
四、任务实施 ·· 153
五、知识拓展 ·· 154
思考与练习五 ··· 158

项目六　三伺服枕式糖果包装机控制系统 ··· 159
一、任务提出 ·· 159
二、相关知识 ·· 161
　　（一）色标传感器 ·· 161
　　（二）特色功能介绍 ··· 163
　　（三）伺服系统 ·· 167
三、任务分析 ·· 173
四、任务实施 ·· 176
五、知识拓展 ·· 180

思考与练习六 ··· 187

项目七　平面磨床控制系统 ·· 190
　　一、任务提出 ··· 190
　　二、相关知识 ··· 192
　　三、任务分析 ··· 195
　　四、任务实施 ··· 198
　　五、知识拓展 ··· 200
　　思考与练习七 ··· 207

附录 A　几种常用传感器性能比较表 ··· 210

附录 B　XC 系列 PLC 性能规格 ··· 212

附录 C　XC 系列 PLC 基本顺控指令一览表 ····································· 214

附录 D　XC 系列 PLC 功能指令一览表 ·· 217

附录 E　变频器扩展功能参数一览表 ··· 221

附录 F　伺服功能参数一览表 ·· 237

附录 G　常见问题处理 ··· 245
　　一、PLC 部分常见问题处理 ··· 245
　　二、触摸屏部分常见问题处理 ·· 255
　　三、机器视觉部分常见问题处理 ··· 258

参考文献 ·· 263

项目一

温度控制系统

一、任务提出

在工业生产、实验研究和日常生活中,像电力、化工、石油、冶金、食品加工、酒类生产、蔬菜种植等领域内,温度常常是表征对象和过程状态的最重要参数之一,各行各业对温度的控制要求越来越高。

试设计一温度控制设备,设备结构如图 1-1 所示,温控箱里放有加热电阻、Pt100 温度传感器及指针式温度仪表,要求误差不超过±0.5℃。

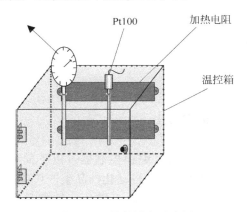

图 1-1　温控箱设备示意图

具体控制要求如下:
① 将温度目标设置为 45.0℃;
② 按自学习键,系统开始学习温度控制参数（P、I、D、采样时间等）;
③ 在自学习完成以后,按下工作键启动加热;通过触摸屏观察温度的变化,要求温度最终能够稳定在目标值附近,波动不可过大;
④ 任意时刻按下停止键,系统停止;
⑤ 在保温过程中出现扰动,比如突然打开了一次温控箱的门,要求能够快速恢复到设定温度;
⑥ 在触摸屏上显示当前温度值,单位为℃,精确到 0.1℃;

⑦ 温度控制参数要求可手动调节，包括采样周期、P、I、D等参数；

⑧ 采集温度曲线，要能够清晰地观察温度的变化；

⑨ 所有触发信号既可以通过外部按键输入，也可以通过触摸屏输入。例如，自学习键，可用PLC的输入端子输入，也可由触摸屏上的某个按键来输入。

触摸屏程序编辑界面如图1-2所示。

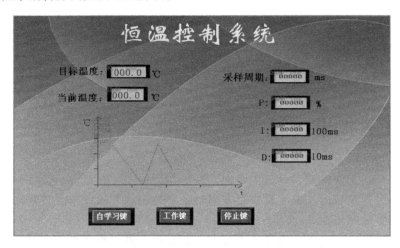

图1-2　触摸屏程序编辑界面

二、相关知识

（一）温度扩展模块的使用

在现代工程控制项目中，仅仅用可编程控制器（以下简称PLC）本体的I/O模块，还不能完全解决应用中问题。因此，许多自动化产品生产厂家开发了许多特殊功能模块来完善PLC本体的不足，通过扩展模拟量输入模块、模拟量输出模块、高速计数模块、PID过程控制调节模块、运动控制模块、通信模块等来满足客户的需求。PLC主机与扩展模块构成控制系统单元，使PLC的功能越来越强，应用范围越来越广。

信捷XC系列PLC本体除了I/O控制操作外，通过扩展多种I/O、模拟量以及功能模块来块完善实际运用，并且每个PLC本体最多可扩展7个扩展模块，根据模块与PLC本体的扩展位置配置相应的地址。信捷PLC扩展模块连接示意图如图1-3所示。

本项目用的是信捷温度扩展模块，信捷温度扩展模块又分为很多种型号，每个型号的使用方法也不尽相同，具体可参考信捷模块说明书。

下面以本项目使用的XC-E3AD4PT2DA为例介绍该型号温度扩展模块的使用方法。

（1）模块的特点及规格

① 模块特点。

XC-E3AD4PT2DA模拟量温度混合模块（以下简称XC-E3AD4PT2DA模块），3点

图 1-3　信捷 PLC 扩展模块连接示意图

模拟量输入，4 点温度输入，2 点模拟量输出，本项目只用到温度通道。

② 模块规格。

XC-E3AD4PT2DA 模块温度通道规格见表 1-1。

表 1-1　XC-E3AD4PT2DA 模块温度通道规格

项　目	内　容
输入信号	Pt100 铂热电阻
测量温度范围	−100～350℃
数字输出范围	−1000～3500
控制精度	±0.5℃
分辨率	0.1℃
综合精确度	1%（相对最大值）
转换速度	20ms/通道

注意：无信号输入时，其通道数据为 3500。

③ 模块的端子说明。

XC-E3AD4PT2DA 模块端子说明见表 1-2。

表 1-2　XC-E3AD4PT2DA 模块端子说明

通道	端子名	信号名
0CH	A0	0CH 温度输入
	B0	—
	C0	0CH 输入公共端
1CH	A1	1CH 温度输入
	B1	—
	C1	1CH 输入公共端
2CH	A2	2CH 温度输入
	B2	—
	C2	2CH 输入公共端
3CH	A3	3CH 温度输入
	B3	—
	C3	3CH 输入公共端

(2) 模块的外部接线

外部连接时,注意以下两个方面:

① 外接+24V 电源时,请使用 PLC 本体上的 24V 电源,避免干扰。

② 为避免干扰,应对信号线采取屏蔽措施。

输入接线如图 1-4 所示。

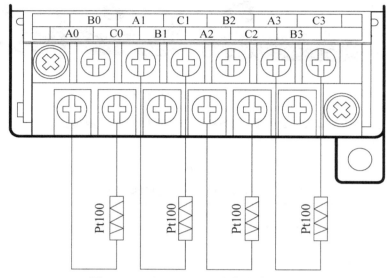

图 1-4 XC-E3AD4PT2DA 模块输入接线

(3) Pt100 输入特性曲线

Pt100 输出数字量与输入温度的对应关系如图 1-5 所示。

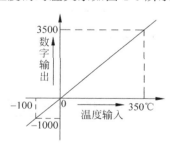

图 1-5 Pt100 输出数字量与输入温度的对应关系

(4) 扩展模块地址分配

XC-E3AD4PT2DA 模块不占用 I/O 单元,转换的数值直接送入 PLC 寄存器,通道对应的 PLC 寄存器定义号见表 1-3。

表 1-3 XC-E3AD4PT2DA 模块寄存器定义号

	0CH	1CH	2CH	3CH
第一块模块	ID103	ID104	ID105	ID106
第二块模块	ID203	ID204	ID205	ID206
⋮	ID⋯	ID⋯	ID⋯	ID⋯
第七块模块	ID703	ID704	ID705	ID706

(5) 扩展模块配置

将 XC-E3AD4PT2DA 模块接到 PLC 本体上，并将 PLC 与计算机联机。将 PLC 编程软件 XCPPro 打开，单击菜单栏的"PLC设置(C)"，选择"扩展模块设置"命令，如图 1-6 所示。

图 1-6　扩展模块配置步骤 1

在弹出的"扩展模块设置"对话框（见图 1-7）内选择对应的模块型号和配置信息。

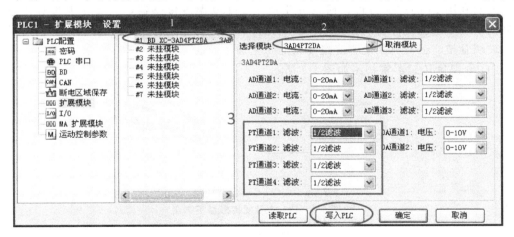

图 1-7　扩展模块配置步骤 2

第一步：在图 1-7 所示对话框的"2"处选择对应的模块型号，完成后"1"处会显示出对应的型号。

第二步：在"3"处可以选择对应滤波方式和各通道对应的控温周期。

第三步：单击"写入 PLC"按钮，单击"确定"按钮；再下载用户程序，运行程序后，此配置即可生效。（注：V3.3 以下版本的软件配置后，需要把 PLC 断电重启才能生效。）

(6) 扩展模块应用举例

例：以第 1 个模块为例，梯形图如图 1-8 所示。

说明：

M8000 为常开线圈，在 PLC 运行期间一直为"ON"状态。

PLC 开始运行，不断将 1#模块第 0 通道的温度写入数据寄存器 D0，第 1 通道的温度写入数据寄存器 D1，第 2 通道的温度写入数据寄存器 D2，剩下三个通道的用法以此类推。

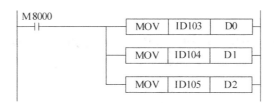

图 1-8　模块应用举例梯形图

（二）Pt100 温度传感器

（1）温度传感器的工作原理

Pt100 温度感测器是一种以铂金（Pt）材料做成的电阻式温度检测器，它的阻值会随着温度上升而成近似匀速的增长，属于正电阻系数。其电阻和温度变化的关系式为

$$R = R_0(1+\alpha T)$$

其中，$\alpha = 0.00392$；R_0 为 100Ω（在 0℃ 的电阻值）；T 为摄氏温度。

人们利用 Pt 的这一特性，研发并生产了 Pt100 温度传感器，它属于电参数传感器。常见的 Pt100 感温元件有陶瓷元件、玻璃元件、云母元件，它们是由铂丝分别绕在陶瓷骨架、玻璃骨架、云母骨架上再经过复杂的工艺加工而成。

Pt100 温度传感器实物图如图 1-9 所示。

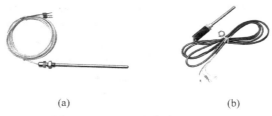

(a)　　　　　　　　(b)

图 1-9　Pt100 温度传感器实物图

知道了检测原理，剩下的就是如何检测这个与温度成对应比例的电阻值了，通常所用的是惠更斯电桥原理，其原理图如图 1-10 所示。

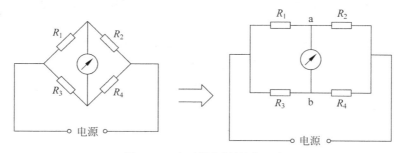

图 1-10　惠更斯电桥的原理图

它的测量原理是当电桥的上、下两个桥臂的电阻阻值对应成比例时，a 点和 b 点的电位相等，则检流计流过的电流为零；当其中一个电阻的阻值发生变化时，a 点和 b 点的电位就会不等，检流计中就有电流流过，检流计的指针就会发生偏转。根据这个原理，如果

这四个电阻中的任何一个是未知的,而另外三个电阻相等时就可以通过检流计的偏转程度得知未知电阻的大小。

假设 R_{TD} 代表铂热电阻,r 表示导线电阻,则两线制平衡电桥原理图如图 1-11 所示。

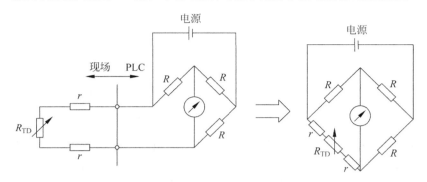

图 1-11 两线制平衡电桥原理图

由图 1-11 可以看出,如果只是简单运用原理进行接线的话是达不到精度要求的,因为很多时候 PLC 到现场有很长的距离。此时,连接导线所具有的线路电阻 r 对测量结果影响不容忽视。为了消除导线电阻的影响,热电阻测温仪广泛采用三线制平衡电桥式接法,这种方法使温度误差得到一定的补偿,三线制平衡电桥原理图如图 1-12 所示。

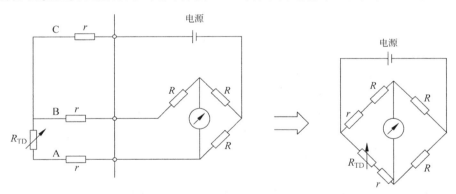

图 1-12 三线制平衡电桥原理图

图 1-12 所示的三线制平衡电桥原理图左边部分是三线制的接线图,由图中看出,电源通过 C 线接入测量桥路,这时电路就可以等效为右图。从右图可知,A 线和 B 线的线路电阻 r 被分别连接到上、下桥臂中。由于这两根导线的长度一样,即电阻一样,这样就消除了线路电阻的影响。

注意:在等效线路图中没有将 C 线的线路电阻画出来,这是因为它在供电线路中只能改变供电电压,这对电桥的平衡没有影响,可以忽略不计。

因此,实际应用中 Pt100 温度传感器一般是三线制的,有三根线,颜色相同的两条线实际上是接在 Pt100 上同一点的(用万用表测量为短路),用来消除导线电阻影响。

(2)温度传感器接线

对于采集温度信号的模块,精度不高的应该至少是两个引出端子,如 XC-E3AD4PT2DA 模块,其温度采集精度为 0.1℃,对于第一路温度采集通道而言,它有两个引出端子:A0 和

C0，若用三线制温度传感器，接线时可直接将颜色相同的两根线中的一根或者全部都接到C0端子上，另一根线接到A0端子上。XC-E3AD4PT2DA模块温度采集接线图如图1-13所示。

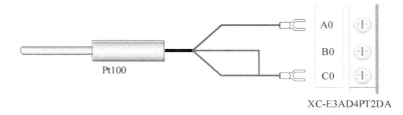

图1-13 XC-E3AD4PT2DA模块温度采集接线图

而对于精度高的采集温度信号的模块，如XC-E2AD2PT2DA模块，其温度采集精度为0.01℃，有三个引出端子：A0、B0、C0，接线时其中相同颜色的两根导线可随机接至B0及C0端子侧，另一根导线可接至A0端。XC-E2AD2PT2DA模块温度采集接线图如图1-14所示。

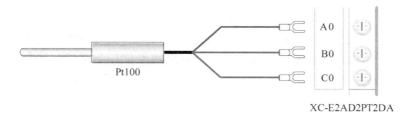

图1-14 XC-E2AD2PT2DA模块温度采集接线图

（3）Pt100温度传感器选型参数

一般选择Pt100温度传感器需从以下几方面考虑：

① 测温范围。制造工艺不同，其测温范围也不同，陶瓷铂热电阻，可以测量的温度范围最广，为-200~800℃；云母铂热电阻，由于云母的特性，其测温范围是-200~420℃；薄膜铂热电阻由于其封装及制造特性，其测温范围是-50~500℃。主要区别就是铂热电阻骨架及其引脚封装工艺降低了铂金属的测温范围。

② 测温精度。一般两线制热电阻精度要低于三线制及四线制。

③ 安装方式及尺寸。尺寸主要是指保护管长度、保护管直径、引线长度。

④ 安装环境。考虑环境湿度、腐蚀性等因素。

（4）温度传感器应用领域

Pt100温度传感器具有稳定性好、精度高、测温范围大等优点，被广泛应用于医疗、电机、工业、温度计算、阻值计算等高精度温度设备中。

（三）固态继电器的使用

固态继电器（Solid State Relay，SSR）是由微电子电路、分立电子器件、电力电子功率器件组成的无触点开关。它用隔离器件实现了控制端与负载端的隔离。固态继电器的输入端用微小的控制信号可达到直接驱动大电流负载的目的。图1-15所示为固态继电器实物图。

固态继电器与控制侧和负载侧之间的接线图如图1-16所示。

项目一　温度控制系统

图 1-15　固态继电器实物图

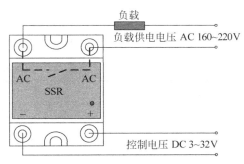

图 1-16　固态继电器接线图

当直流侧输入控制电压后，相当于固态继电器交流侧的开关闭合，为交流侧构成回路提供可能。所以，若想控制交流侧是否工作，只要控制直流侧是否提供一个 DC 3～32V 的电压即可。用 PLC 控制固态继电器时，接线如图 1-17 所示。

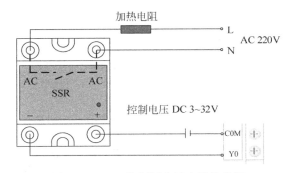

图 1-17　PLC 控制固态继电器接线图

（四）PID 功能应用

1. PLD 指令说明

信捷 XC 系列 PLC V3.0 及以上版本的在本体部分加入了 PID 控制指令，并提供了自整定功能。用户可以通过自整定得到最佳的采样时间和 PID 参数值，从而提高控制精度。输出可以是数据量形式 D，也可以是开关量形式 Y，在编程时可根据需要选择。

数字量输出指令使用说明如图 1-18 所示，开关量输出指令使用说明如图 1-19 所示。

图 1-18　PID 数字量输出指令使用说明

其中，操作数及作用见表 1-4。

图 1-19　PID 开关量输出指令使用说明

表 1-4　PID 指令操作数及作用

操 作 数	作　　　用
S1	设定目标值（SV）的软元件地址编号
S2	测定值（PV）的软元件地址编号
S3	设定控制参数的软元件首地址编号
D	运算结果（MV）的存储地址编号或输出端口

PID 指令 S3 参数说明见表 1-5。

表 1-5　PID 指令 S3 参数说明

地　址	功　　能	说　　　　明	备　　注
S3	采样时间	32 位无符号数	单位 ms
S3＋1	采样时间	32 位无符号数	单位 ms
S3＋2	模式设置	bit0： 0—负动作；1—正动作 bit1~bit6：不可使用 bit7： 0—手动 PID；1—自整定 PID bit8： 1—自整定成功标志 bit9、bit10：自整定方法 00—阶跃响应法； 01—临界振荡法 bit11、bit12：不可使用 bit13、bit14：自整定 PID 控制模式（使用临界振荡法时有效） 00—PID 控制； 01—PI 控制； 10—P 控制 bit15： 0—普通模式；1—高级模式	
S3＋3	比例增益（Kp）	范围：1~32767［%］	
S3＋4	积分时间（TI）	0~32767［*100ms］	0 时作为无积分处理
S3＋5	微分时间（TD）	0~32767［*10ms］	0 时无微分处理
S3＋6	PID 运算范围	0~32767	PID 调整带宽
S3＋7	控制死区	0~32767	死区范围内 PID 输出值不变
S3＋8	PID 自整定周期变化值	满量程 AD 值 *（0.3%~1%）	

续表

地　址	功　能	说　明	备　注
S3+9	PID 自整定超调允许	0—允许超调；1—不超调（尽量减少超调）	使用阶跃响应法时有效
S3+10	自整定结束过渡阶段当前目标值每次调整的百分比（%）		
S3+11	自整定结束过渡阶段当前目标值停留的次数		
S3+12～S3+39	PID 运算的内部处理占用		
以下为高级 PID 模式设置地址			
S3+40	输入滤波常数（a）	0～99 [%]	0 时没有输入滤波
S3+41	微分增益（KD）	0～100 [%]	0 时无微分增益
S3+42	输出上限设定值	－32767～32767	
S3+43	输出下限设定值	－32767～32767	

S3～S3+43 将被 PID 指令占用，不可当成普通的数据寄存器使用。

指令在每次达到采样时间的间隔时执行。对于运算结果，数字量输出则数据寄存器用于存放 PID 输出值；开关量输出则输出点用于输出开关形式的占空比。

PID 运算结果：

① 模拟量输出。$MV=u(t)$ 的数字量形式，默认范围为 0～4095。

② 开关点输出。$Y=T\times [MV/PID 输出上限]$。Y 为控制周期内输出点接通时间，T 为控制周期，与采样时间相等。PID 输出上限默认值为 4095。

2．PID 指令应用

应用要点：

① 在持续输出的情况下，作用能力随反馈值持续变化而逐渐变弱的系统，可以进行自整定，如温度或压力。对于流量或液位对象，则不一定适合作自整定。

② 在允许超调的条件下，自整定得出的 PID 参数为系统最佳参数。

③ 在不允许超调的前提下，自整定得出的 PID 参数视目标值而定，即不同的设定目标值可能得出不同的 PID 参数，且这组参数可能并非系统的最佳参数，但可供参考。

④ 用户如无法进行自整定，也可以依赖一定的工程经验值手工调整，但在实际调试中，需根据调节效果进行适当修改。下面介绍几种常见控制系统的经验值供用户参考。

- 温度系统：P（%）2000～6000，I（min）3～10，D（min）0.5～3；
- 流量系统：P（%）4000～10000，I（min）0.1～1；
- 压力系统：P（%）3000～7000，I（min）0.4～3；
- 液位系统：P（%）2000～8000，I（min）1～5。

PID 举例程序梯形图如图 1-20 所示，图中软元件功能注释如下。

- D4002.7：自整定位；
- D4002.8：自整定成功标志；
- M0：常规 PID 控制开关；
- M1：自整定控制开关；

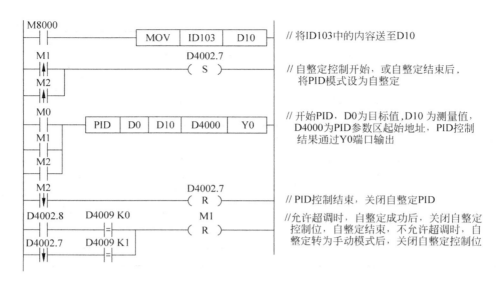

图 1-20 PID 举例程序梯形图

◆ M2：自整定后直接进入 PID 控制开关。

（五）PID 自整定方法选择

当用户不清楚 PID 参数的具体设定值时，可以选用自整定模式，使系统自动寻找最佳的控制参数（比例增益 Kp、积分时间 Ti、微分时间 Td）。

参数整定的方法很多，下面只介绍工程上最常用的阶跃响应法和临界振荡法。

（1）阶跃响应法

阶跃响应法在自整定开始的时候，用户可以预先将 PID 的控制周期（采样时间）设为 0，在整定结束后也可以依据实际需要进行手工修改。对于阶跃响应法，在进行自整定前，系统必须处于非控制状态下的稳态。例如，对温度控制对象来说，系统必须处于非控制状态下的稳态的意思就是自整定前当前测定温度与环境温度一致。

阶跃响应法 PID 控制曲线图如图 1-21 所示。

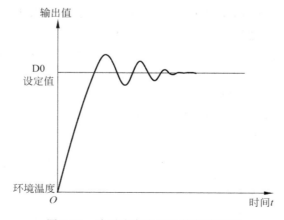

图 1-21 阶跃响应法 PID 控制曲线图

(2) 临界振荡法

运用临界振荡法，在自整定开始的时候，用户需要预先将PID的控制周期（采样时间）设定好。参考值：一般响应慢的系统可以设定为1000ms；响应快的系统，可以设定为10~100ms。

利用临界振荡法进行自整定，系统可以从任一状态开始。对温度控制对象来说，就是当前测定温度不需要与环境温度一致。可以低于目标温度，也可以高于目标温度。

临界振荡法PID控制曲线图如图1-22所示。

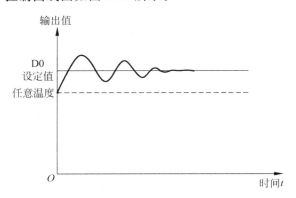

图1-22　临界振荡法PID控制曲线图

自整定模式几个相关的参数设置：

① 自整定标志位。

进入自整定模式，请设置［S3+2］的bit7为1，并开通PID运行条件。在观察到S3+2的bit8为1（自整定成功）后，表示自整定成功。

② PID自整定周期变化值［S3+8］。

自整定时，在［S3+8］中设置该值。

这个设定值决定自整定性能，一般设置一个标准测量单位对应的AD值。默认值为10，建议设定范围为AD值（满量程）×0.3％~AD值×1％。

用户一般无须改动PID自整定周期变化值［S3+8］，但如果系统受外界扰动很大，需要适度增加这个值，以避免正/逆动作判断出错。如果该值过大，整定出来的PID控制周期（采样时间）可能会过长，所以需要避免设定较大数值。

③ PID自整定超调允许值［S3+9］。

设置为0时，允许超调，系统总是能够选到最佳PID参数。但是在整定的过程中，测定值可能会低于目标值，也可能会超出目标值，此时要考虑安全因素。

设置为1时，不允许超调。对于安全方面有严格要求的控制对象，如压力容器等，为避免在自整定过程中出现测定值严重超出目标值的情况，可将［S3+9］设置为1，以避免超调。

在此过程中，如果［S3+2］的bit8由0变1，说明自整定成功，得到了最佳参数；如果［S3+2］的bit8始终为0，直到［S3+2］的bit7由1变为0，说明自整定结束，得到的参数并非最佳参数，可能需要做一些手工调整。

④ 自整定结束过渡阶段当前目标值每次调整的百分比% [S3+10]。

该参数仅在 [S3+9] 为 1 时有效。如果在自整定后直接进入正常 PID 控制，容易产生小幅度的超调。适当减小该参数值有利于抑制超调，但该值过小容易造成响应滞后。默认值为 100%，相当于该参数不起作用。建议调整范围 50%～80%。

下面以图 1-23 为例，说明 [S3+10] 参数调整情况

当前目标值每次调整的比例为 2/3（即 [S3+10] 为 67%），系统的初始温度为 0℃，目标温度为 100 度，此时当前目标温度调整情况如下所示：

下一个当前目标值＝当前目标值＋（最终目标值－当前目标值）×2/3。[S3+10] 参数说明如图 1-23 所示。系统的当前目标值变化顺序为 66℃、88℃、96℃、98℃、99℃、100℃。

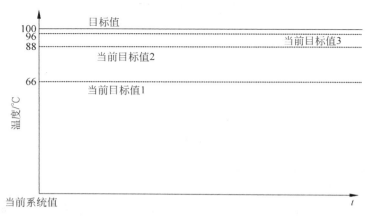

图 1-23　[S3+10] 参数说明图

⑤ 自整定结束，过渡阶段当前目标值停留的次数 [S3+11]。

该参数仅在 [S3+9] 为 1 时有效。

如果在自整定后直接进入正常 PID 控制，容易产生小幅度的超调。适当增加该参数值有利于抑制超调，但该值过大容易造成响应滞后。默认值为 15 次，建议调整范围为 5～20。

三、任务分析

1. 工作原理

温度控制系统原理框图如图 1-24 所示。其中，固态继电器的作用是将 PLC 输出点的功率进行放大，实现加热电阻多次频繁地导通与断开，从而控制温度。温度传感器的任务是检测控制箱内空气的温度，并将实际温度通过 PT 模块反馈给 PLC。在 PLC 内部设定温度期望值，与温度计反馈的控制箱实际温度信号参与可编程控制器内部 PID 控制运算，从而输出给固态继电器一个通断控制信号。

触摸屏与 PLC 直接连接，用于输入参数和实时显示温度曲线。

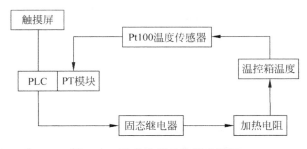

图 1-24 温度控制系统原理框图

2. 设计思路

由图 1-24 可知，温度控制系统 PLC 实际直接控制的是固态继电器，而根据固态继电器的工作原理可知，PID 的输出形式应选择开关量输出形式。

3. 设备选型

(1) PLC 选型

① 本项目虽不用发送高速脉冲，但是由于需要控制加热电阻频繁地断开与闭合，从而实现温度的控制，故可选一款带高速晶体管输出的 PLC。

② 此款 PLC 必须带有 PID 功能，故需选择硬件版本 3.0V 以上的 XC2、XC3、XC5、XCM、XCC 中的任意一款。

③ 由于 PLC 需要扩展模拟量模块，故需要有扩展功能的 PLC。综上，选择 XC3-24RT-E 型 PLC。

(2) 扩展模块选型

由于此项目中所用温度传感器为 Pt100，故选择 PT 温度模块，同时项目中只有一路温度检测，所以任何带 PT 的模块都适合，由于设备上还要实现其他功能，故选择了 XC-E3AD4PT2DA 模块，项目实际应用中只用到了其中的一路 PT 通道。另外，该模块还自带 PID 功能，使用模块 PID 直接运算控制，可节省 PLC 本体输出点。

(3) 触摸屏选型

由于本项目中需要实时显示温度的变化曲线，故需选择带有曲线显示功能的人机界面，选择 TH765-N 触摸屏。

(4) 温度传感器选型

温度传感器选型时需要考虑该传感器的测温范围以及测温精度，本项目所需检测温度范围为 0~120℃，测温精度为 0.5℃；而 Pt100 温度传感器的测温范围为 -100~350℃，测温精度为 0.1℃，完全满足测温需求。另外，还需要根据现场考虑 Pt100 的探头长度以及引线长度。综上所述，根据实际设备情况本任务最终选择探头长度 40mm、引线为 2m 的 Pt100 高精度温度传感器。

4. I/O 分配

PLC 以及扩展模块的 I/O 分配表见表 1-6。

表 1-6 PLC 以及扩展模块 I/O 分配表

功　能	软元件编号
自学习键	X0、M0
工作键	X1、M1
停止键	X2、M2
固态继电器	Y0
Pt100 红色线	A0
Pt100 蓝色线	C0

5. 系统接线

温度控制系统的设备结构示意图如图 1-25 所示。

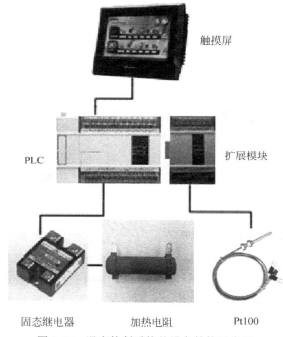

图 1-25 温度控制系统的设备结构示意图

触摸屏、PLC、加热系统的外部接线图如图 1-26 所示。

6. 系统软件设计流程

软件部分是整个温度控制系统的重要组成部分，软件编程采用信捷公司的 XCPpro 梯形图编程软件，整个系统软件设计流程图如图 1-27 所示。

系统首先执行初始化操作，将程序中用于输出辅助继电器以及自整定标志位、自整定成功标志位等复位。因为自整定标志位、自整定成功标志位都是断电保持的，有可能系统运行过程中断电，重新上电后，它们不会自动复位，所以，上电后将其统一复位，等待系统重新工作。而按下停止键要求系统停止工作，要为再次工作做准备，即复位相关元器件，所以可与上电初始化使用相同的程序。

项目一　温度控制系统

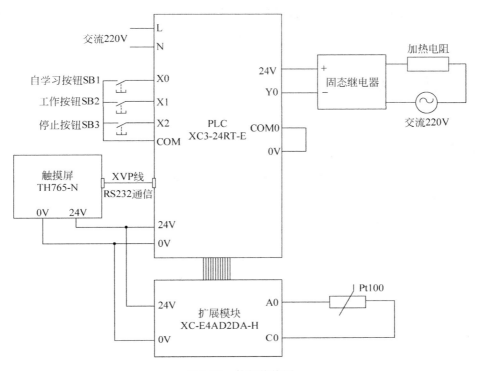

图 1-26　外部接线图

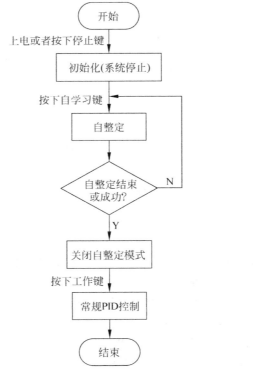

图 1-27　系统软件设计流程图

初始化后,按下自学习按键,打开自整定功能;判断结束后,关闭自整定;等待工作键按下,打开常规控制。

四、任务实施

1. 硬件接线

按图 1-26 所示的接线图连接好触摸屏、PLC、固态继电器、温度传感器和加热电阻,检查无误后上电。

2. 编写 PLC 控制程序

根据 1-27 所示软件设计流程图,在 XCPpro 软件中输入程序结构,如图 1-28 所示。

图 1-28 程序结构图

在图 1-28 所示程序结构中依次点开"田",填补相应程序。
(1) 上电或者按下停止键初始化
上电或者按下停止键初始化的具体程序如图 1-29 所示。
(2) 按下自学习键开始自整定
按下自学习键开始自整定的具体程序如图 1-30 所示。
(3) 若自整定成功或结束关闭自整定模式
若自整定成功或结束关闭自整定模式的具体程序如图 1-31 所示。

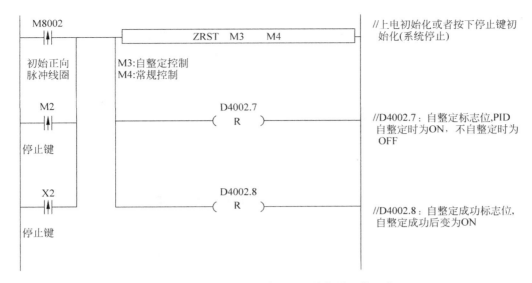

图 1-29　上电或者按下停止键初始化的具体程序

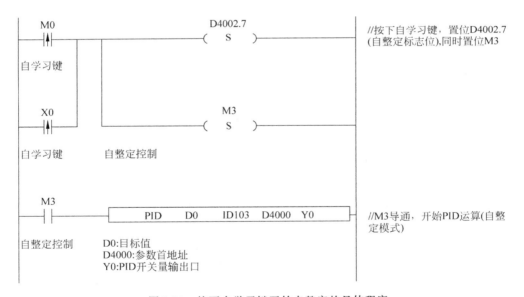

图 1-30　按下自学习键开始自整定的具体程序

（4）按下工作键开始常规控制

按下工作键开始常规控制的具体程序如图 1-32 所示。

将上述程序填补进去后，会发现用 Y0 作为输出口的 PID 指令有两条，虽然触发条件不同，但也构成双线圈输出，所以对这样的程序错误需要进行修改。观察程序不难发现，只要将这两条指令合并成一条，将其触发条件并联，并删去原先单独的 PID 指令即可，修改的 PID 指令程序如图 1-33 所示。

查看计算机是否与 PLC 成功连接，方法是：观察 XCPPro 软件右下角是否出现绿色的"运行,扫描周期"或者蓝色的"停止"，若有，表示计算机与 PLC 连接成功；若没有，而

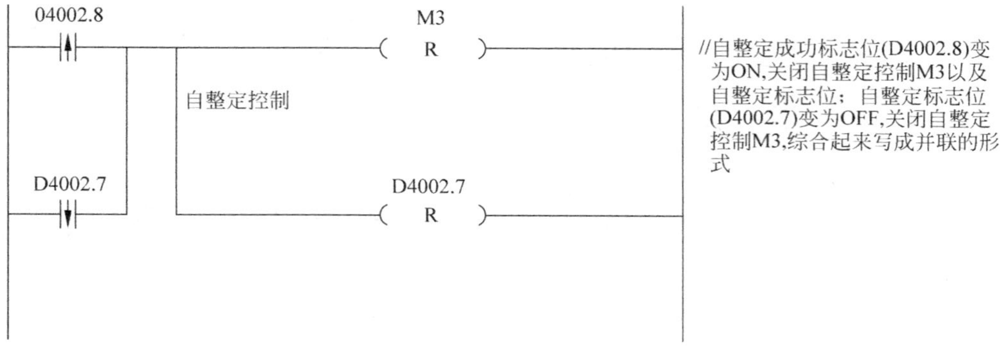

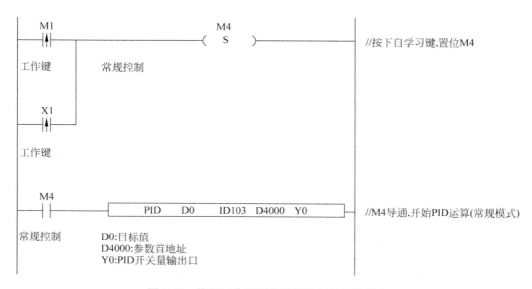

图 1-31　若自整定成功或结束关闭自整定模式的具体程序

图 1-32　按下工作键开始常规控制的具体程序

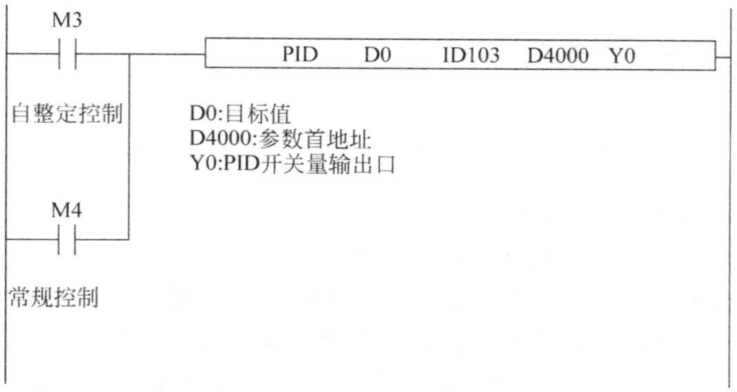

图 1-33　修改的 PID 指令程序

是显示"脱机"或者没有任何显示,则表示计算机与 PLC 没有正常连接,此时可参照附录 G 常见问题处理 Q1 和 Q2,按照提示操作,直到连接成功。

单击 XCPPro 软件的常规工具栏的"▣"图标，将 PLC 程序下载至 PLC，下载结束后，再单击"▶"图标，运行 PLC。

3. 扩展模块配置

单击菜单栏的"PLC设置(C)"，选择"扩展模块设置"命令，在弹出的窗口中选择对应的模块型号和配置信息，配置如图 1-34 所示。

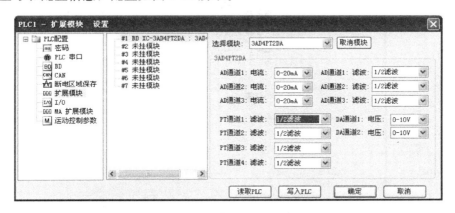

图 1-34　扩展模块配置

单击"写入 PLC"按钮，写入完成后，单击"确定"按钮退出。

4. 编写触摸屏程序

根据控制要求使用信捷 Touchwin 软件设计触摸屏程序。双击"TouchWin 编程工具"图标打开编程软件，单击"▢"新建工程，显示器选择如图 1-35 所示。

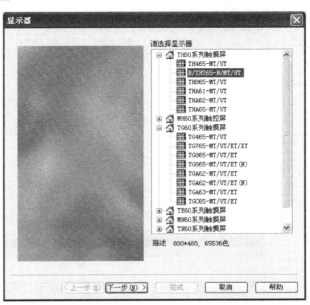

图 1-35　触摸屏显示器选择

单击"下一步(N) >"按钮,在弹出的窗口中按如图 1-36 设置 PLC 口通信设备。

图 1-36　触摸屏 PLC 口选择

单击"下一步(N) >"按钮,在弹出的窗口中可备注工程信息,若不备注则直接单击"完成"按钮后退出,工程新建完成。

在如图 1-37 所示的界面中就可以放置部件,对触摸屏进行编程了。

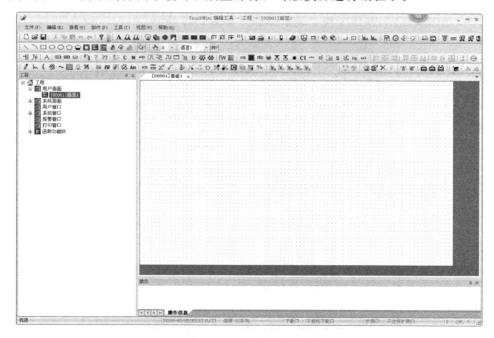

图 1-37　触摸屏编辑界面

① 当前实际温度是用来显示的，不可修改，故放置数据显示框"999"；由于 PLC 采集的实际温度数据是存放在寄存器 ID103 内的，且其数值是实际温度的 10 倍，而恰好任务也要求显示的温度精确到 0.1℃，所以将当前温度的显示框对象设置为 ID103；显示栏下面的类型设为无符号数，小数位设为 1，位数设为 4，当前温度数据显示框设置如图 1-38 所示。此时的小数位是假的小数位，即 ID103 内的数据是 258 时，触摸屏上会显示为 25.8，刚好与实际温度一致，从而省去了再在 PLC 梯形图中进行单位换算的步骤。

图 1-38 当前温度数据显示框设置

② 由于目标温度是可以修改的，PID 参数也要求可以手动调节，故应放置"23"数据输入框。修改目标温度数据输入框的对象类型为 D0，其他设置同当前温度数据显示框。4 个 PID 参数直接放置"23"，分别修改对象为 D4000（DWord）、D4003（Word）、D4004（Word）、D4005（Word）后，单击"确定"按钮即可。

③ 为了更清楚地观察温度的走势，可在触摸屏上放置实时曲线图"⋌"，用来采集实时温度（ID103），可与设定温度（D0）曲线相比较，使温度的变化看起来更加直观。

◆ 单击显示工具栏"⋌"图标，移动光标至界面中，单击放置，右击或按 Esc 键取消放置，如图 1-39 所示。通过其边界点修改其尺寸大小至合适位置，并添加"文字串"，补充其坐标含义，如图 1-40 所示。

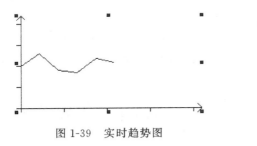

图 1-39 实时趋势图

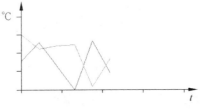

图 1-40 为趋势图添加坐标含义

◆ 双击"实时趋势图"，或选中"实时趋势图"后右击，选择"属性"命令或通过"⌘"按钮进行属性修改。弹出"实时趋势图"属性设置对话框，如图 1-41 所示。单击"修改"按钮，弹出"趋势图"对话框，如图 1-42 所示。单击"趋势"标签，将数据个数改成 300，采集周期改为 5，满度值改成 1000，如图 1-43 所示。单击"颜色"标签，将颜色改成绿色（或任意其他颜色），设定曲线显示颜色，如图 1-44 所示。

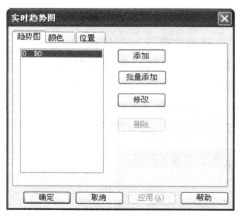

图 1-41 "实时趋势图"属性设置对话框

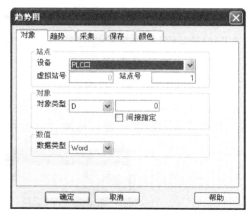

图 1-42 "趋势图"对话框

图 1-43 "趋势"选项卡

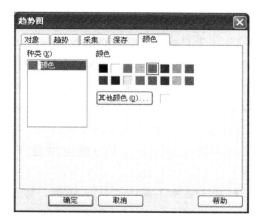

图 1-44 "颜色"选项卡

至此，采集对象（D0）及其曲线显示部分设置完毕。单击"确定"按钮后退出，回到如图 1-45 所示的对话框，在此对话框上单击"添加"按钮，对话框变成如图 1-46 所示。再单击"修改"按钮，修改新增曲线属性，将其对象类型设置为"ID103"，如图 1-47 所示。"趋势"的设置与 D0 相同，颜色设置成绿色，如图 1-48 所示。

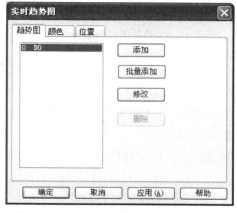

图 1-45 D0 设置完毕返回的对话框界面

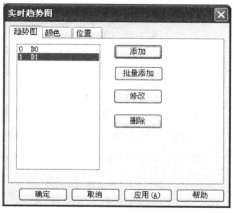

图 1-46 添加曲线

图 1-47 将对象类型设置为 ID103

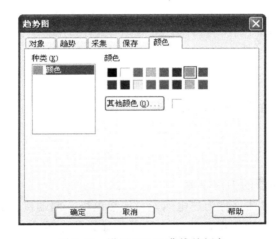

图 1-48 设置 ID103 曲线的颜色

属性中的具体参数作用、含义可参照《touchwin 用户手册》。

④ 放置三个按钮部件"▣",对象分别设置为 M0、M1、M2,按键栏的文字分别设置为"自学习键"、"工作键"及"停止键"。操作栏的按钮操作都设置为"瞬时 ON",如图 1-49 所示。设置完成后单击"确定"按钮退出。最后,添加文字说明,并进行修饰,完成触摸屏界面制作。连接好通信电缆,单击触摸屏编程工具工具栏上的"▣"按钮,将触摸屏程序下载至触摸屏。

图 1-49 设置按钮操作属性

5. 系统调试

① 按下自学习键，观察 PLC 的 Y0 是否有输出，若没有，检查接线和 PLC 程序。通过计算机 XCPpro 软件界面监控 D4002.7 是否置位，若没有，检查 PLC 程序。等待触摸屏上显示采样时间等 PID 控制参数，若没有，按下停止键后再次按下自学习键重新开始，若参数出现则表示自整定成功。

② 按下工作键，系统开始工作，观察温度是否能够按要求稳定在设定值；否则调节 PID 参数（P、I、D、采样时间），直至温度稳定在设定值。

③ 人为地加入扰动，即打开保温箱，看温度是否依然能够恢复到设定值；若不能，再调节 PID 参数。

④ 待温度稳定后，记录当前环境下的 PID 参数值，将温控箱的门完全打开散热，待温度降至环境温度后，将门打开不同角度（0°～30°），即在不同散热条件下，再去完成任务，并记录不同条件下的 PID 参数。

五、知识拓展

（一）其他温度传感器的应用

1. 热电偶

1）热电偶温度传感器的工作原理

当两种不同材料的导体（称为热电偶丝材或热电极）两端接合成回路，且接合点的温度不同时，在回路中就会产生电动势，这种现象称为热电效应，而这种电动势称为热电势。热电偶利用热电效应原理进行温度的测量，测量端直接作用于介质，冷端与显示仪表或配套仪表连接，显示仪表会显示出热电偶所产生的热电势。所以，热电偶实际上是一种能量转换器，它将热能转换为电能，用所产生的热电势测量温度。

热电偶温度传感器结构如图 1-50 所示。

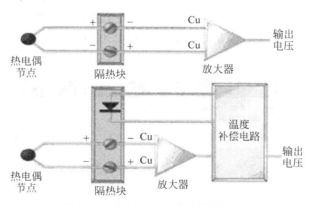

图 1-50　热电偶温度传感器结构图

热电偶的技术优势：
① 测温范围宽，性能比较稳定；
② 测量精度高，热电偶与被测对象直接接触，不受中间介质的影响；
③ 热响应速度快，热电偶对温度变化反响灵活；
④ 测量范围大，热电偶在－200～＋1600℃温度范围内均可连续测温；
⑤ 热电偶性能牢靠，机械强度好，使用寿命长。
热电偶实物图如图1-51所示。

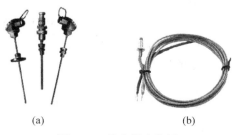

图1-51 热电偶实物图

值得注意的是，热电偶必须由两种不同的导体（或半导体）材料构成回路，热电偶测量端和参考端之间必须有温差。

2）热电偶温度传感器接线

热电偶接线有正负极之分，通过产品说明书上的线色说明即可知道；但是也有的厂家产品没有正负之分，这就需要技术人员凭经验来判定，最常用的有以下几种方法：
① 用颜色来区分，绿的为正极，灰的为负极。
② 用万用表毫伏挡测量，显示为正则红表笔端为正极。
③ 接线后看一下温度走势。

判断好正负极后，将热电偶接至温度采集设备，以信捷XC-E6TCA-P模块为例，其接线图如图1-52所示。

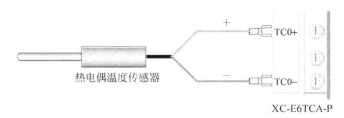

图1-52 热电偶与XC-E6TCA-P模块接线图

正确接线后，还需要对XC-E6TCA-P扩展模块进行配置，并选择不同热电偶分度号。

3）热电偶温度传感器选型参数

热电偶的分度号有多种，分别由不同的金属材质构成，性能也有所不同，选择热电偶的时候可根据不同材质热电偶的性能，从使用环境、测量范围、测量精度、灵敏度和响应速度几方面加以选择。常见的几种热电偶如下。

(1) K型热电偶［镍硅（镍铝）热电偶］

K型热电偶是抗氧化性较强的碱金属热电偶，可测量0～1300℃的介质温度，适宜在氧化性及惰性气体中连续使用，短期使用温度为 1200℃，长期使用温度为 1000℃，其热电势与温度的关系近似线性，是目前用量最大的热电偶。然而，它不适宜在真空、含硫、含碳气氛及氧化还原交替的气氛下裸丝使用。K 型热电偶多采用金属制保护管。

K 型热电偶的缺点：

① 热电势的高温稳定性较 N 型热电偶及贵重金属热电偶差，在较高温度下（如超过 1000℃）往往因氧化而损坏。

② 在 250～500℃ 范围内短期热循环稳定性不好，即在同一温度点，在升温降温过程中，其热电势示值不一样，其差值可达 2～3℃。

③ 其负极在 150～200℃ 范围内要发生磁性转变，致使在室温至 230℃ 范围内分度值往往偏离分度表，尤其是在磁场中使用时往往出现与时间无关的热电势干扰。

④ 不适合在真空、含碳、含硫气氛中使用。

(2) S 型热电偶（铂铑 10-铂热电偶）

该热电偶的正极成份为含铑 10% 的铂铑合金，负极为纯铂。其特点是：

① 热电性能稳定、抗氧化性强，宜在氧化性气氛中连续使用，长期使用温度可达 1300℃，超过 1400℃ 时，即使在空气中纯铂丝也将再结晶，使晶粒粗大而断裂。

② 精度高，在所有热电偶中准确度等级最高，通常用作标准器件或用于测量较高温度。

③ 使用范围较广，均匀性及互换性好。

④ 主要缺点有：微分热电势较小，因而灵敏度较低；价格较贵，机械强度低，不适宜在还原性气氛或有金属蒸气的条件下使用。

(3) E 型热电偶［镍铬-铜镍（康铜）热电偶］

E 型热电偶为一种较新产品，正极为镍铬合金，负极为铜镍合金（康铜）。其最大特点是在常用的热电偶中，其热电势最大，即灵敏度最高；它的应用范围虽不及 K 型热电偶广泛，但在要求灵敏度高、热导率低、可容许大电阻的条件下，常常被选用；使用中的限制条件与 K 型热电偶相同，但对于含有较高湿度气氛的腐蚀不很敏感。

(4) N 型热电偶（镍铬硅-镍硅热电偶）

N 型热电偶的主要特点：在 1300℃ 以下调温抗氧化能力强，长期稳定性及短期热循环复现性好，耐核辐射及耐低温性能好；另外，在 400～1300℃ 范围内，N 型热电偶的热电特性的线性比 K 型偶要好；但在低温范围内（－200～400℃）的非线性误差较大；同时，材料较硬，难于加工。

(5) J 型热电偶（铁-康铜热电偶）

J 型热电偶的正极为纯铁，负极为康铜（铜镍合金）。其特点是，价格便宜，适用于真空氧化的还原或惰性气氛中，温度范围为－200～800℃；但常用温度只在 500℃ 以下，因为超过这个温度后，铁热电极的氧化速率加快，如采用粗线径的丝材，可在高温中使用且有较长的寿命；该热电偶能耐氢气（H_2）及一氧化碳（CO）气体腐蚀，但不能在高温（如 500℃）含硫（S）的气氛中使用。

(6) T 型热电偶（铜-铜镍热电偶）

T 型热电偶的正极为纯铜，负极为铜镍合金（也称康铜）。其主要特点是：在碱金属热电偶中，它的准确度最高，热电极的均匀性好；它的使用温度是－200～350℃。因铜热电极易氧化,并且氧化膜易脱落,故在氧化性气氛中使用时,一般不能超过300℃,应在-200~300℃范围内。该热电偶的灵敏度比较高。铜-康铜热电偶还有一个特点是价格便宜,是常用几种定型产品中最便宜的一种。

(7) R型热电偶(铂铑13-铂热电偶)

R型热电偶的正极为含13%的铂铑合金,负极为纯铂。同S型热电偶相比,它的电势率大15%左右,其他性能几乎相同。该种热电偶在日本产业界作为高温热电偶用得最多,在中国则用得较少。

3) 热电偶温度传感器应用领域

热电偶作为工业测温中最广泛使用的温度传感器之一,通常和显示仪表等配套使用,直接测量各种生产过程中-200~1800℃范围内的液体、蒸气和气体介质以及固体的表面温度。

2. 红外温度传感器

(1) 红外温度传感器的工作原理

在自然界中,当物体的温度高于绝对零度时,由于内部热运动的存在,会不断地向四周辐射电磁波,其中就包含了波段位于$0.75\sim100\mu m$的红外线。红外温度传感器利用辐射热效应,使探测器件接收辐射能后引起温度升高,进而使传感器中某一性能跟随温度发生变化,检测其中某一性能的变化,便可探测出热辐射量,进而计算出温度。

红外传感器实物图如图1-53所示。

(2) 红外温度传感器的接线

红外温度传感器如S20红外线温度传感器,输出4~20mA电流。输出线有三根,分别是红、绿和屏蔽线。接线时红色线接电源正极,绿色线接电流模块输入端的正极,电流模块输入端负接电源负极。以红外传温度感器与信捷XC-E3AD4PT2DA模块接线为例,其接线图如图1-54所示。正确接线后还需要对扩展模块进行配置,并设置其接收电流的范围为4~20mA。

图1-53 红外传感器实物图

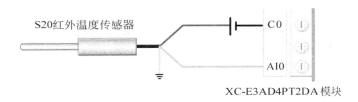

图1-54 S20红外温度传感器与信捷XC-E3AD4PT2DA模块接线图

(3) 红外温度传感器的选型参数

一般选择红外温度传感器需从以下几方面考虑:测温范围、测温精度、响应时间、检测距离、供电电源、信号输出类型及范围、安装方式及尺寸、安装环境。

(4) 红外温度传感器的应用领域

红外温度传感器因其高精度、易集成、灵敏性高等优点而广泛应用于非接触式温度测量、红外辐射探测、移动物体温度测量、连续温度控制、热预警系统、气温控制、医疗检测、长距离测量等方面。

(二) PID 参数手动整定

在工程实际中,应用最为广泛的调节器控制规律为比例、积分、微分控制,简称 PID 控制,又称 PID 调节。

PID 控制器问世至今已有近 70 年历史,它以其结构简单、稳定性好、工作可靠、调整方便而成为工业控制的主要技术之一。当被控对象的结构和参数不能完全掌握,或得不到精确的数学模型,控制理论的其他技术难以采用时,系统控制器的结构和参数必须依靠经验和现场调试来确定,这时应用 PID 控制技术最为方便。即当不完全了解一个系统和被控对象,或不能通过有效的测量手段来获得系统参数时,最适合用 PID 控制技术。PID 控制,实际中也有 PI 和 PD 控制。PID 控制器就是根据系统的误差,利用比例、积分、微分计算出控制量进行控制的。

PID 的控制系统原理图如图 1-55 所示。

$$e(t) = r(t) - c(t) \tag{1-1}$$

$$u(t) = K_p [e(t) + 1/T_i \int_0^t e(t)dt + T_d de(t)/dt] \tag{1-2}$$

其中,$e(t)$ 为偏差;$r(t)$ 为给定值;$c(t)$ 为实际输出值;$u(t)$ 为控制量;K_p、T_i、T_d 分别为比例系数、积分时间系数、微分时间系数。

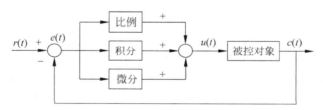

图 1-55 PID 控制系统原理图

1. 比例 (P) 控制

比例控制是一种最简单的控制方式,其控制器的输出与输入误差信号成比例关系。当仅有比例控制时系统输出存在稳态误差 (Steady-state Error)。

2. 积分 (I) 控制

在积分控制中,控制器的输出与输入误差信号的积分成正比关系。对一个自动控制系统,如果在进入稳态后存在稳态误差,则称这个控制系统是有稳态误差的系统或简称有差系统 (System with Steady-state Error)。为了消除稳态误差,在控制器中必须引入"积分项"。积分项对误差取决于时间的积分,随着时间的增加,积分项会增大。这样,即便误差很小,积分项也会随着时间的增加而加大,它推动控制器的输出增大使稳态误差进一步减小,直到等于零。因此,比例+积分 (PI) 控制器,可以使系统在进入稳态后无稳态误差。

3. 微分（D）控制

在微分控制中，控制器的输出与输入误差信号的微分（即误差的变化率）成正比关系。自动控制系统在克服误差的调节过程中可能会出现振荡甚至失稳。其原因是由于存在有较大惯性组件（环节）或有滞后（Delay）组件，具有抑制误差的作用，其变化总是落后于误差的变化。解决的办法是使抑制误差的作用的变化"超前"，即在误差接近零时，抑制误差的作用就应该是零。这就是说，在控制器中仅引入"比例"项往往是不够的，比例项的作用仅是放大误差的幅值，而目前需要增加的是"微分项"，它能预测误差变化的趋势。这样，具有比例＋微分的控制器，就能够提前使抑制误差的控制作用等于零，甚至为负值，从而避免了被控量的严重超调。所以对有较大惯性或滞后的被控对象，比例＋微分（PD）控制器能改善系统在调节过程中的动态特性。

了解了各参数作用后，PID 控制器的参数该如何整定呢？PID 控制器的参数整定是控制系统设计的核心内容。它是根据被控过程的特性确定 PID 控制器的比例系数、积分时间和微分时间的大小。PID 控制器参数整定的方法很多，概括起来有两大类：理论计算整定法和工程整定法。理论计算整定法主要是依据系统的数学模型，经过理论计算确定控制器参数。这种方法所得到的计算数据未必可以直接用，还必须结合实际工程进行调整和修改。工程整定法主要依赖工程经验，直接在控制系统的试验中进行，且方法简单、易于掌握，在工程实际中被广泛采用。PID 控制器参数的工程整定方法，主要有临界比例法、反应曲线法和衰减法。三种方法各有特点，其共同点都是通过试验，然后按照工程经验公式对控制器参数进行整定。但无论采用哪种方法所得到的控制器参数，都需要在实际运行中进行最后调整与完善。现在一般采用的整定方法是临界比例法。利用该方法进行 PID 控制器参数的整定步骤如下：

① 预选择一个足够短的采样周期让系统工作。

② 仅加入比例控制环节，直到系统对输入的阶跃响应出现临界振荡，记下这时的比例放大系数和临界振荡周期。

③ 在一定的控制度下通过公式计算得到 PID 控制器的参数。

PID 参数的设定：是靠经验及对工艺的熟悉，参考测量值跟踪与设定值曲线，从而调整 P、I、D 的大小。

（三）扩展模块的 PID 功能

XC 系列 PLC 的 PID 控制有以下两种类型：

① 由 PLC 本体实现的 PID 控制。通过主程序的 PID 控制指令实现过程控制。同时支持 PID 参数自整定功能，可以得到最佳的 PID 参数。应用比较灵活，适合各种控制对象，如温度、压力、流量、液位等。

② 由模拟量扩展模块实现的 PID 控制。主程序不再需要 PID 指令，直接向扩展模块相关寄存器（QD）写入 PID 控制参数，并控制其 PID 启停位（Y），实现过程控制。其控制周期为 2s，因此比较适合温度等大时延的控制对象。

扩展模块 PID 的输出有三种类型：

① 开关量输出。通过控制扩展模块上的晶体管输出的占空比来进行调节，XC-E6PT-P 和 XC-E6TCA-P 属于这种情况。

② 模拟量输出。对应每路模拟量输入，都有相应的设定值和 PID 输出值。将 PID 输出值转化为模拟量输出即可实现控制，XC-4AD、XC-8AD、XC-4AD/2DA 等模块属于这种情况。

③ 模拟量转开关量输出。模拟量模块有 PID 输出值但不含开关量输出，而控制对象要求开关量输出。此时需要将 PID 输出值转化为 PLC 本体上的输出点占空比输出。在此情况下，我们除了要设置相应的 PID 参数，还需要编写相应的控制程序，以下是程序举例。

在进行模拟量 PID 调节时，模块每 2s 输出一个 PID 控制值，因此，在 PLC 程序中，我们可以利用 PID 输出值与 K4095 比值在 2s 内形成的占空比进行控制。设 PID 输出值为 X（$0 \leqslant X \leqslant 4095$），在 2s 的周期内进行占空比控制，$2X/4095$ 秒控制器输出，$(2-2X/4095)$ 秒控制器关闭输出。PID 模拟量输出转开关量输出程序如图 1-56 所示。

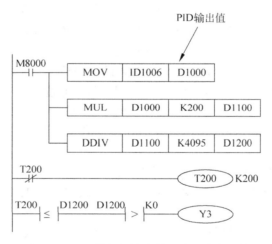

图 1-56 PID 模拟量输出转开关量输出程序

注意：对于模拟量模块 XC-E8AD、XC-E4AD、XC-E4AD2DA 的 PID 控制部分，需注意以下几点。

- PID 的控制周期为 2s，不适于反应速度较快的控制对象，如压力、液位、流量等。
- PID 参数需要手工整定。

对于温度模块 XC-E6PT-P、XC-E6TCA-P 的 PID 控制部分，则需注意以下几点：

- PID 的输出为开关量占空比输出，只控制固态继电器的通断，不能输出模拟量信号；如果输出是控制阀门开度或可控硅导通角，则不支持。
- PID 参数需要手工整定。

以 XC-E3AD4PT2DA 扩展模块（作为第一块扩展）为例，查看其扩展模块手册，可知 XC-E3AD4PT2DA 扩展模块的寄存器定义号，见表 1-7。

表 1-7　XC-E3AD4PT2DA 扩展模块的寄存器定义号

通道	AD 信号	PID 输出值	PID 控制启停位	设定值	PID 参数：K_p、K_i、K_d、控制范围 Diff、死区范围 Death
0CH	ID100	ID107	Y100	QD102	
1CH	ID101	ID108	Y101	QD103	K_p——QD109
2CH	ID102	ID109	Y102	QD104	K_i——QD110
通道	PT 信号	PID 输出值	PID 控制启停位	设定值	K_d——QD111
0CH	ID103	ID110	Y103	QD105	Diff——QD112
1CH	ID104	ID111	Y104	QD106	Death——QD113
2CH	ID105	ID112	Y105	QD107	
3CH	ID106	ID113	Y106	QD108	
通道	DA 信号	—	—	—	
0CH	QD100	—	—	—	—
1CH	QD101	—	—	—	

假设使用的是 XC-E3AD4PT2DA 扩展模块的第一路温度采集，则只需关注表 1-7 内带底纹的寄存器即可。

思考与练习一

1-1　将本项目中温控箱的门打开 15°，重新完成本项目，比较两次的 PID 参数。

1-2　同样的外围设备，用模块的 PID 功能而非 PLC 的自整定完成本项目的控制要求。

1-3　若某工艺要求温度稳定在 45℃，但是不允许超调，即温度曲线大致如图 1-57 所示。请调节出适当的 PID 参数，实现此控制要求。

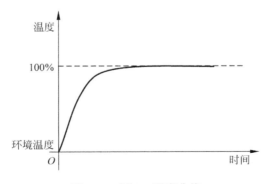

图 1-57　题 1-3 温度曲线

1-4　试设计基于 PLC 的染色机温度控制系统，实现对染色过程的温度控制，从而减少织物疵点，提高生产效率，降低生产成本。染色剂温度单元设备示意图如图 1-58 所示。

染色过程实际上是执行针对不同织物的一条温度曲线。本任务以基于腈纶织物染色温度曲线而设计的，其温度范围为 0～120℃，控制精度为 0.5℃。其控制包括快速升温、慢速升温、恒温和快速冷却四个连续过程。控制要求如下：

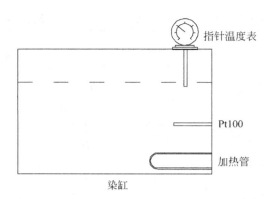

图 1-58　染色剂温度单元设备示意图

按下启动键，加热棒开始工作，使染缸温度按照图 1-59 所示的温度曲线变化。即先以 3.5℃/min 的速度升温到 70℃，然后，以 0.5℃/min 升温到 100℃，保持 60min 后以 －2℃/min 下降到 60℃。

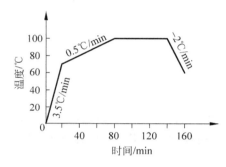

图 1-59　温度工艺曲线

项目二

恒压供水控制系统

一、任务提出

用 PLC、变频器和触摸屏设计一个恒压供水控制系统,系统设备构成示意图如图 2-1 所示。

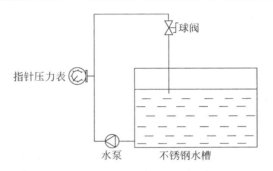

图 2-1　恒压供水控制系统设备构成示意图

水槽内装有水,水泵将水抽出经水管(水管中间装有指针式远传压力表和球阀)再回到水槽内。要求实现水管内压力恒定在 0.04MPa,精确到 0.001MPa,远传压力表量程为 0~0.1MPa。

具体控制要求如下:

① 要求在触摸屏上将压力目标设置为 0.04MPa,并设置三个按键,分别是自学习键、工作键和停止键。

② 按下自学习键,系统能够开始学习压力控制参数(P、I、D、采样时间等)。

③ 在自学习完成以后,按下工作键系统开始工作,要求压力最终能够稳定在目标值附近,波动不可过大。

④ 任意时刻按下停止键,水泵立刻停止工作。

⑤ 若在恒压过程中出现扰动,比如突然调节球阀等,要求压力能够快速恢复正常。

⑥ 要求可以在触摸屏上显示当前压力值(单位:MPa),精确到 0.001MPa。

⑦ 可以手动调节压力控制参数,参数包括采样周期、P、I、D 这四个参数。

⑧ 采集压力曲线,要能够清晰地观察压力的变化。

⑨ 所有的触发信号要可以通过按键输入,也可以通过触摸屏输入。例如,自学习键,

可用 PLC 的输入端子输入，也可以由触摸屏上的某一个按键来输入。

恒压供水控制系统触摸屏界面如图 2-2 所示。

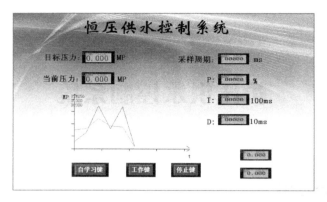

图 2-2　恒压供水控制系统触摸屏界面

二、相关知识

（一）远传压力表

远传压力表属于压力传感器的一种，适用于测量对钢及铜合金不起腐蚀作用的液体、蒸气和气体等介质的压力。而压力传感器是工业实践中最为常用的一种传感器，其广泛应用于各种工业控制环境，涉及水利水电、铁路交通、智能建筑、生产自控、航空航天、军工、石化、油井、电力、船舶、机床、管道等众多行业。

（1）压力传感器的工作原理

压力是物理学上的压强，即单位面积上所承受压力的大小。以大气压力为基准，用于测量小于或大于大气压力的仪表，以及用于计量流体（气体、液体）压力的仪表都叫压力表。

图 2-3　远传压力表

本项目用的是远传压力表，它可把被测量值转换成电阻信号传至远离测量点的二次仪表上，以实现集中检测和远距离控制，同时通过指针指示压力，以便于现场观测。远传压力表如图 2-3 所示。

远传压力表由弹簧管压力表和一个与被测压力成一定函数关系的可变电位器组成。当被测压力改变时，齿轮产生偏转带动固定在扇形齿轮轴上的电刷也相应地在滑线电阻上滑行，从而使被测压力的变化转换为电阻值的变化；传至二次仪表上，指示出被测压力值，同时压力表也通过指针指示出相应的压力值。

压力表内部原理图如图 2-4 所示。远传压力表内部一般是 10~400Ω 的电位器，打开压力表右侧的接线盒，可以看到标有 1、2、3 的三个接线端子，1 和 2 端口之间的电阻是 400Ω，1 和 3 端口之间的电阻随压力上升而增大。

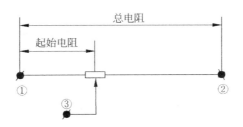

图 2-4　压力表内部原理图

（2）压力传感器的接线

本项目用的是 0～0.1MP 量程的远传压力表，根据其说明书可知是直流 5V 供电，0～0.1MP 对应输出 0～5V 电压。具体接线为：①端接 0V，②端接 5V，③端接扩展模块电压输入，电压输出端与①端子相接。若用信捷 XC-E4AD2DA-H 扩展模块来采集远传压力表的输出信号，其接线如图 2-5 所示。

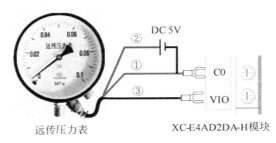

图 2-5　远传压力表与 XC-E4AD2DA-H 模块接线

（二）变频器

变频器即改变交流电源频率的一种设备，众所周知，我国交流电工频为 50Hz，而交流异步电动机的转速表达式为

$$n = 60f(1-s)/p$$

式中，n——异步电动机的转速；

　　　f——异步电动机的频率；

　　　s——电动机转差率；

　　　p——电动机极对数。

由上式可知，转速 n 与频率 f 成正比，只要改变频率 f 即可改变电动机的转速，即调节水泵流量，当频率 f 在 0～50Hz 的范围内变化时，电动机转速调节范围非常宽。变频器就是通过改变电动机电源频率实现速度调节的，是一种理想的高效率、高性能的调速手段。

图 2-6 所示是变频器所有功能外部接线图，实际使用变频器时可根据需要进行选择性接线。

变频器初次上电时应检查接线及电源并确认无误后，合上变频器输入侧交流电源开关，给变频器上电，变频器操作键盘 LED 显示开机动态界面，接触器正常吸合，当数码管显示字符变为设定频率时，表明变频器已初始化完毕，上电流程如图 2-7 所示。

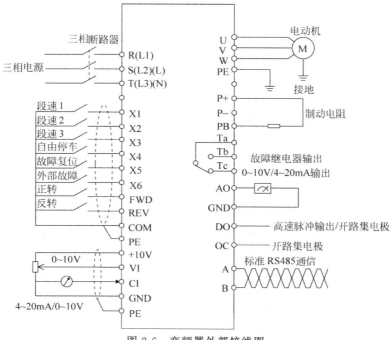

图 2-6 变频器外部接线图

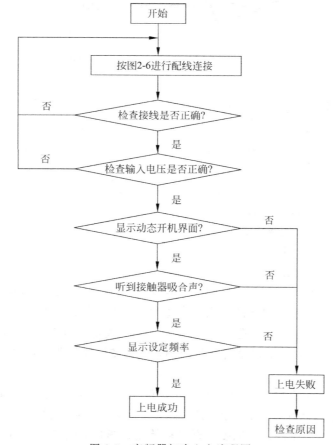

图 2-7 变频器初次上电流程图

变频器上电完成后，按照需要设置或修改相关参数。

修改参数时变频器面板操作方法以功能码 P3.06 由 5.00Hz 更改设定为 8.50Hz 为例进行说明，如图 2-8 所示。

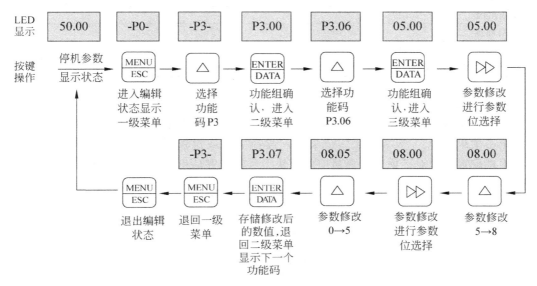

图 2-8 变频器面板操作方法

（三）扩展模块（A/D、D/A 转换模块）

由于 PLC 本体只能处理数字量，所以当需要采集模拟量（电压/电流）或者输出模拟量去控制别的设备时就需要在 PLC 本体上扩展模拟量模块。下面以 XC-E4AD2DA-H 扩展模块为例说明模拟量扩展模块的用法。

XC-E4AD2DA-H 模拟量输入/输出扩展模块的特点：具有 4 通道 14 位精度模拟输入和 2 通道 12 位精度模拟输出。4 通道的电压 0～5V、0～10V，电流 0～20mA、4～20mA 输入可选；2 通道的电压 0～5V、0～10V，电流 0～20mA、4～20mA 输出可选。

XC-E4AD2DA-H 模拟量输入/输出扩展模块的技术规格参数见表 2-1。

表 2-1 XC-E4AD2DA-H 模拟量输入/输出扩展模块的技术规格参数

项目	模拟量输入		模拟量输出	
	电压输入	电流输入	电压输出	电流输出
模拟量输入范围	0～5V，0～10V	0～20mA，4～20mA	—	—
最大输入范围	DC±15V	0～40mA	—	—
模拟量输出范围	—	—	0～5V，0～10V（外部负载电阻 2kΩ～1MΩ）	0～20mA，4～20mA（外部负载电阻小于 500Ω）
数字输入范围	—	—	12 位二进制数（0～4095）	—
数字输出范围	14 位二进制数（0～16383）		—	—
分辨率	1/16383（14bit）；转换数据以十六进制形式存入 PLC（14bit）		1/4095（12bit）；转换数据以十六进制形式存入 PLC（12bit）	

续表

项 目	模拟量输入		模拟量输出	
	电压输入	电流输入	电压输出	电流输出
PID 输出值	0～K4095		—	
综合精确度	1%			
转换速度	20ms/通道		3ms/通道	
模拟量用电源	DC24V±10%，100mA			

模块的配置步骤如下：

将 XC-E4AD2DA-H 模块插到 PLC 本体，将 PLC 本体连接到计算机。将编程软件打开，单击菜单栏的 "PLC设置(C)" 子菜单，选择 "扩展模块设置" 命令，如图 2-9 所示。之后出现配置设置对话框，选择对应的模块型号和配置信息，如图 2-10 所示。

图 2-9 扩展模块配置步骤 1

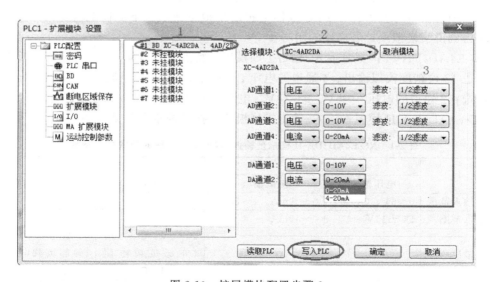

图 2-10 扩展模块配置步骤 2

第一步：在图 2-10 所示对话框的 "2" 处选择对应的模块型号，完成后 "1" 处会显示出对应的型号。

第二步：在"3"处可以选择 AD 和 DA 通道对应的电压或电流模式。

第三步：配置完成后单击"写入 PLC"按钮，然后单击"确定"按钮。之后再下载用户程序，运行程序后，此配置即可生效。（注：V3.3 以下版本的软件配置后，需要把 PLC 断电重启才能生效。）

扩展模块地址分配见表 2-2。

表 2-2 扩展模块地址分配表

	0CH（AD）	1CH（AD）	2CH（AD）	3CH（AD）	0CH（DA）	1CH（DA）
第一块模块	ID100	ID101	ID102	ID103	QD100	QD101
第二块模块	ID200	ID201	ID202	ID203	QD200	QD201
⋮	ID…	ID…	ID…	ID…	QD…	QD…
第七块模块	ID700	ID701	ID702	ID703	QD700	QD701

模块外部接线连接时，注意以下事项：

① 外接+24V 电源时，请使用 PLC 本体上的 24V 电源，避免干扰。

② 为避免干扰，应对信号线采取屏蔽措施。

③ XC-E4AD2DA-H 模块输出 0～20mA 或 4～20mA 电流时，模块依据模拟量输出寄存器 QD 的数值调节信号回路电流的大小，且电流输出为拉电流，无须外接 24V 电源。

XC-E4AD2DA-H 模块电压输入接线图如图 2-11 所示。

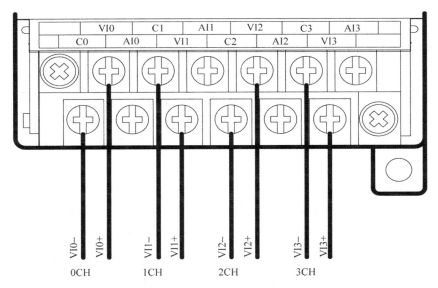

图 2-11 XC-E4AD2DA-H 模块电压输入接线图

XC-E4AD2DA-H 模块电压输出接线图如图 2-12 所示。

输入模拟量（电压）与转换的数字量关系见表 2-3。

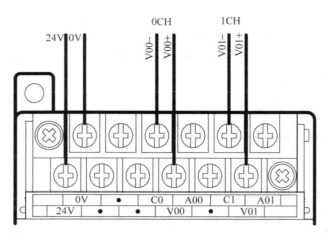

图 2-12 XC-E4AD2DA-H 模块电压输出接线图

表 2-3 输入模拟量（电压）与转换的数字量关系

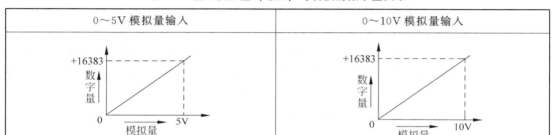

输入的模拟量（电压）与转换的数字量关系见表 2-4。

表 2-4 输入的模拟量（电压）与转换的数字量关系

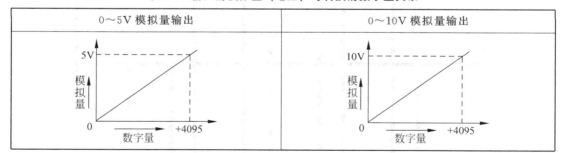

注意：当输入数据超出 4095 时，D/A 转换的输出模拟量数据保持 5V、10V 不变。

图 2-13 所示为扩展模块应用的例子，显示了实时读取 4 个通道的数据、写入 2 个通道的数据（以第 1 个模块为例）时的梯形图。

说明：

① M8000 为常开线圈，在 PLC 运行期间一直为"ON"状态。

② PLC 开始运行，不断将 1#模块第 0 通道采集的数据传送给数据寄存器 D0。

③ 第 1 通道采集的数据传送给数据寄存器 D1。

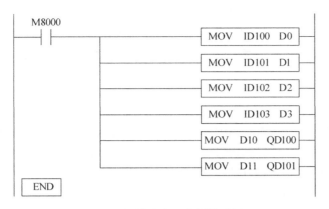

图 2-13 模块应用举例梯形图

④ 第 2 通道采集的数据传送给数据寄存器 D2。
⑤ 第 3 通道采集的数据传送给数据寄存器 D3。
⑥ 数据寄存器 D10 的数据写入第 0 通道,让其输出。
⑦ 数据寄存器 D11 的数据写入第 1 通道,让其输出。

三、任务分析

1. 工作原理

恒压供水系统采用 PLC 本体 PID 控制的原理框图如图 2-14 所示。

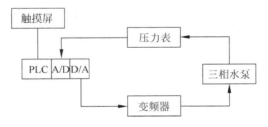

图 2-14 恒压供水 PLC 控制系统原理框图

图 2-14 中压力表的任务是检测水管的水压,并将实际水管的水压通过 A/D 模块反馈给 PLC。变频器的作用是为三相水泵的电动机提供可变频率的电源,实现电动机的无级调速,从而使水管的水压连续变化。在 PLC 内部设定水压期望值,与压力表反馈的水管实际压力信号参与可编程控制器内部 PID 控制运算,从而向变频器输出一个控制信号。

触摸屏与 PLC 直接连接,用于输入参数和实时显示参数。

2. 设计思路

由图 2-14 可知,本项目的控制原理和项目一的恒温控制类似,区别在于 PLC 控制变频器频率改变的方式是通过给 D/A 模块一个数字量,D/A 模块输出一个模拟量来控制变频器的频率,所以选择 PID 指令的输出形式时应选用数字量输出形式。

变频器频率的改变需将变频器的频率给定通道选择为模拟量给定通道。

变频器运行的控制需将变频器的运行命令给定通道选择为端子控制。

3. 产品选型

(1) PLC 选型

① 由于输入只有三个按钮,并且可以用触摸屏替代,故 PLC 的输入口个数不用考虑。

② 输出只需控制变频器的运行,故只需一个输出端口即可。

③ 此款 PLC 必须带有 PID 功能,故需选择硬件版本 3.0V 以上的 XC2、XC3、XC5、XCM、XCC 中的任意一款。

④ 由于 PLC 需要扩展模拟量模块,故需要有扩展功能的 PLC。

综上,从节约成本的角度,选择信捷 XC3-24RT-E 型 PLC。

(2) 扩展模块选型

由于此项目中所用压力计为 0~5V 电压输出,而变频器频率输入为 0~10V 电压或 4~20mA 电流,故该扩展模块既要可以采集电压又要可以输出电压,所以选择 XC-E4AD2DA-H,即可输入 0~5V 电压,也可输出 0~10V 电压或 4~20mA 电流。

(3) 变频器选型

由于水泵功率只有 25W,故只需选择功率大于 25W 的变频器即可,信捷变频器最小功率为 750W,在此选择 VB5N-20P7 变频器。

(4) 触摸屏选型

本项目对人机界面的要求不高,考虑到需要实时显示压力的变化曲线,故需选带有曲线显示功能的人机界面,通常选择信捷 TH765-N 触摸屏。

(5) 压力传感器选型

压力传感器选型时主要考虑其量程和输出信号。本项目所用的模拟量模块可接收 0~5V 之间的电压,由于模拟实验设备管径限制和泵的限制,水压在 0~0.09MPa 范围波动,综上选择型号为苏(制)02110028 的耐震远传压力表。该表量程为 0~0.1MP,输出电压为 0~5V。

4. 参数设置

按照控制方案,变频器参数设定见表 2-5。

表 2-5 变频器参数设定表

参数名称	设定值	说明
P0.01	6	设定频率的控制方式为模拟量控制(由 CI 和 COM 端子引入模拟量)
P0.03	1	设定运行命令由端子给定
P0.08	380	因为水泵是三相 380V 的电动机,故将最大输出电压设置成 380V,调整变频器的 U/F 曲线
P0.17	0.1	由于负载较小,为方便观察,将加速时间设置为最小
P0.18	0.1	由于负载较小,为方便观察,将减速时间设置为最小
P1.16	1	设定变频器接收模拟量信号类型为 0~10V 电压

使变频器侧面 JP1 的跳线短接"1"和"2",JP1 在变频器上的位置如图 2-15 所示。

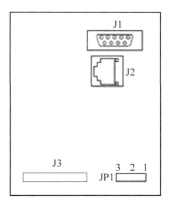

图 2-15 变频器上的跳线位置

模块参数设定:将 AD 通道 1 设置为"电压"和"0~5V",DA 通道 1 设置为"电压"和"0~10V"。

5. I/O 分配

PLC、触摸屏和扩展模块 I/O 分配见表 2-6 所示。

表 2-6 PLC、触摸屏和扩展模块 I/O 分配表

功　　能	软元件编号
自学习键	X0、M0
工作键	X1、M1
停止键	X2、M2
变频器运行	Y0
水压表反馈	VI0
变频器模拟量输入	VO0
公共端	C0

6. 系统接线

恒压供水系统接线图如图 2-16 所示。

7. 系统软件设计流程

软件结构流程图如图 2-17 所示。

如图 2-17 所示,上电后首先对系统进行初始化,然后是对变量单位转换的程序,这是因为人机界面上显示的单位是 MPa,而 PLC 通过扩展模块采集的是一个数字量(0~16383)。PID 运算指令中的目标值与设定值两个参数必须统一,所以需要进行单位的换算。单位统一后,按下自学习建,系统开始自学习,得出最佳 PID 参数。自整定结束后,按下工作键,系统开始按照现有的 PID 参数运行。若对运行效果不满意,可随时在触摸屏上更改 PID 参数。

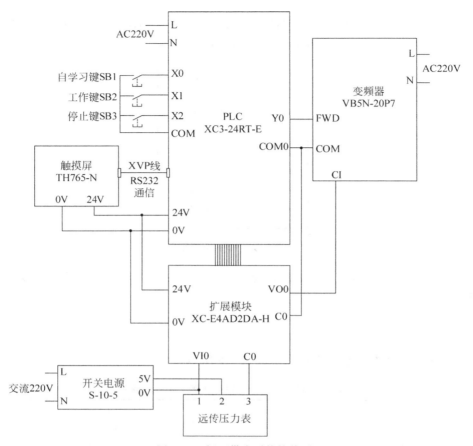

图 2-16 恒压供水系统接线图

四、任务实施

1. 硬件接线

按图 2-16 所示接线图连接好触摸屏、PLC、变频器的外部电路，并正确连接好压力表、水泵等其他设备，检查无误后上电。

2. 编写 PLC 控制程序

该系统的程序设计采用 PLC 本体 PID 自整定功能，根据控制要求，可设计出梯形图程序结构如图 2-18 所示。

依次点开"田"，填补相应程序。

（1）上电或者按下停止键初始化

上电或者按下停止键初始化，具体程序如图 2-19 所示。

（2）单位换算

单位换算具体程序如图 2-20 所示。

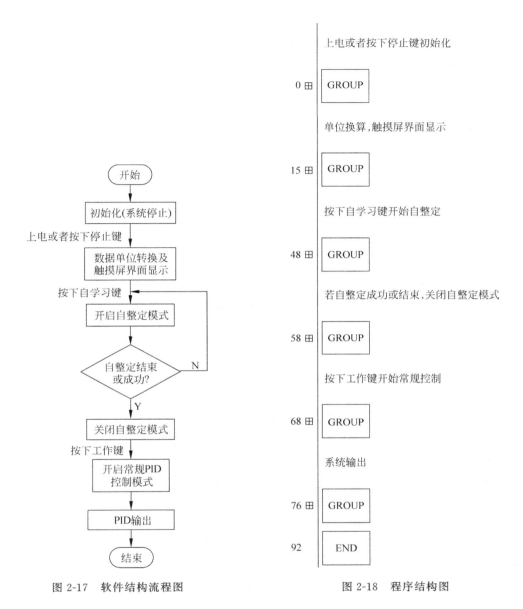

图 2-17　软件结构流程图　　　　图 2-18　程序结构图

(3) 按下自学习键开始自整定

按下自学习键开始自整定，具体程序如图 2-21 所示。

(4) 若自整定成功或结束，关闭自整定模式

自整定成功或结束关闭自整定模式的具体程序如图 2-22 所示。

(5) 按下工作键开始常规控制

按下工作键开始常规控制的具体程序如图 2-23 所示。

(6) 系统输出

系统输出程序如图 2-24 所示。

单击 XCPPro 软件常规工具栏上的"⬇"图标，将 PLC 程序下载至 PLC，下载结束

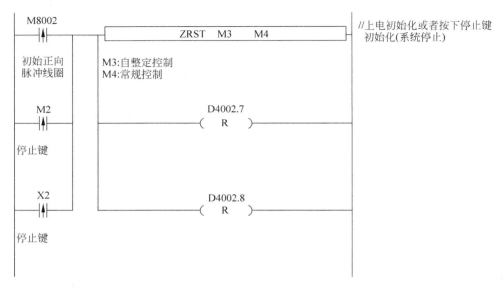

图 2-19 上电或者按下停止键初始化具体程序

后,再单击" ▶ "按钮,运行 PLC。

3. 扩展模块配置

单击菜单栏中的"PLC设置(C)"子菜单,选择"扩展模块设置"命令,在弹出的窗口中选择对应的模块型号和配置信息。由于 XC-E4AD2DA-H 扩展模块需要采集远传压力表传回的 0~5V 的电压信号,并且需要输出 0~10V 的电压信号去控制变频器的频率,所以扩展模块的配置如图 2-25 所示。

单击"写入 PLC"按钮,等待写入完成后,单击"确定"按钮退出。

4. 编写触摸屏程序

使用信捷 Touchwin 软件设计触摸屏的程序。新建工程,显示器选择 TH765,PLC 口选择信捷 XC 系列 PLC。

① "放置数据"文本框中输入" 23 ",用来设定目标温度,"对象类型"设置为 D1000;放置数据显示" 999 ","对象类型"设置为 D2000,用来显示实时测得的压力值。由于压力是精确到 0.001MPa 的,且根据 PLC 程序可知,设定压力是直接以浮点数参与运算的,所以目标压力和当前压力的数据类型都应设置成 DWord,数据类型设置如图 2-26 所示。"显示"选项卡下的"类型"应设置为"浮点数","位数"设置为 4,"小数位"设置为 3,如图 2-27 所示。

② 放置实时曲线" ⚞ ",对于实时曲线的设置,因为温度系统是一个大惯性系统,它的温度变化也是相对缓慢的,所以采集周期如果间隔太短,数值变化会很小,意义不大。而恒压供水系统,压力的变化速度是相对较快的,所以采集周期应适当减小。所以除了曲线内的数据类型也设置成 DWord 以外,"趋势"项的设置也需要相应改变,"趋势"的参数设置如图 2-28 所示。

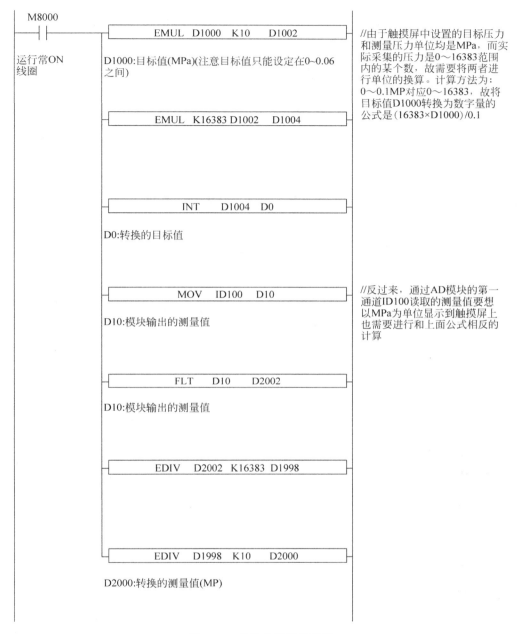

图 2-20 单位换算具体程序

其余均参数设置均与项目一的触摸屏界面设置一致。连接好通信电缆，单击触摸屏编程工具工具栏上的"📇"，将触摸屏程序下载至触摸屏。

5. 变频器参数设置

按表 2-5 对变频器进行参数设置。

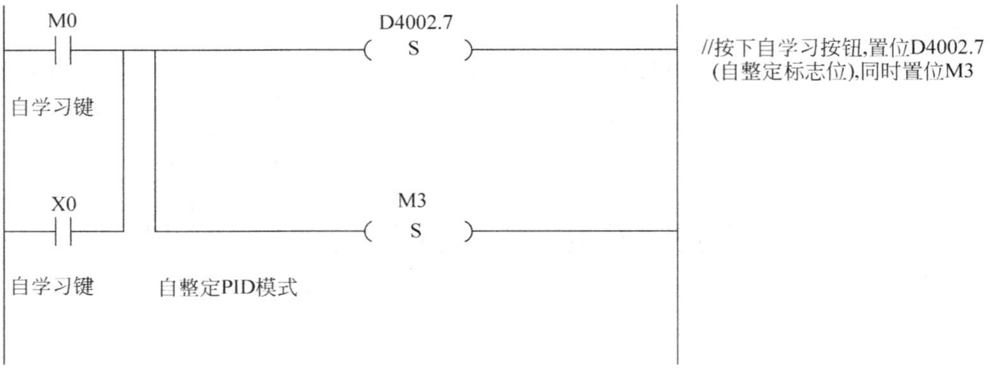

图 2-21 按下自学习键开始自整定具体程序

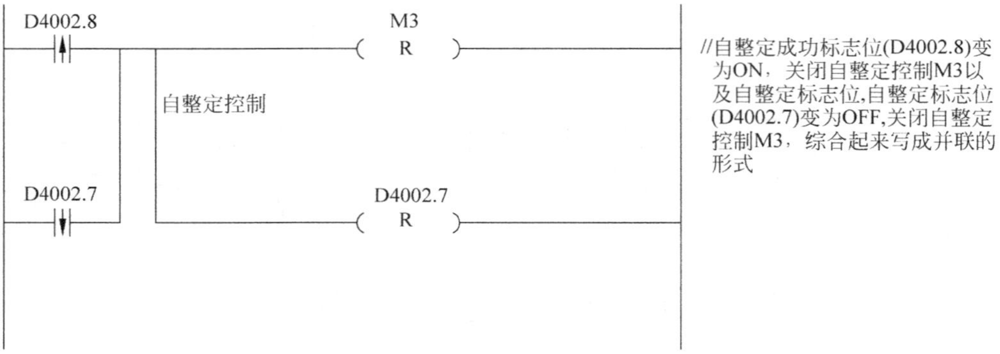

图 2-22 若自整定成功或结束关闭自整定模式具体程序

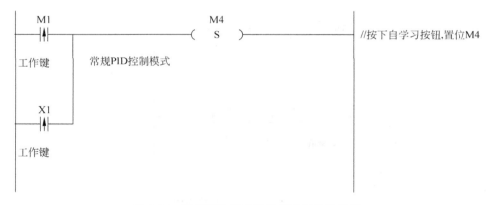

图 2-23 按下工作键开始常规控制具体程序

6. 系统调试

① 在触摸屏上输入目标水压后，按下自整定键，观察水泵是否正常启动，若没有正常启动，则检查接线、变频器参数、模块输入输出情况，直至水泵正常启动。一段时间后观察自整定是否结束或者成功。比例、积分、微分、采样时间四个参数是否出现。若一直不出现，则可以按下停止键，重新自学习。

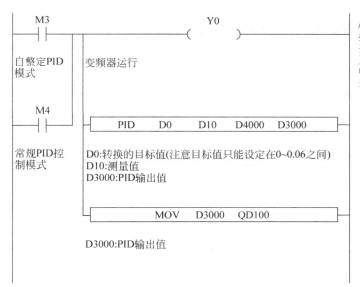

图 2-24　系统输出程序

图 2-25　扩展模块配置

图 2-26　数据类型设置

② 四个参数出现后，按下工作键，观察水压是否能够按要求稳定在设定值。若不能，则在自整定的基础上调节 PID 参数（比例、积分、微分、采样时间），直至水压稳定在设定值。

③ 人为地加入扰动，即调节球阀开度，观察水压是否依然能够恢复到设定值。若不能，再调节 PID 参数。

④ 记录程序调试的结果。

图 2-27 数据显示设置

图 2-28 趋势图-趋势栏设置对话框

五、知识拓展

1. 其他相关传感器的应用

（1）流量传感器

流量传感器一般用于测量工业管道内介质流体的流量，一般情况下有气体、液体和蒸汽等多种介质，而用于这些多种类型的介质有几种流量传感器是可以通用的。

下面以水流量传感器为例介绍流量传感器的应用。

水流量传感器实物如图 2-29 所示。

图 2-29 流量传感器实物图

① 流量传感器的工作原理。

水流量传感器主要由阀体、水流转子组件和霍尔传感器组成。在霍尔元件的正极串入负载电阻，同时通上直流电压并使电流方向与磁场方向正交。当水通过涡轮开关壳推动磁性转子转动时，产生不同磁极的旋转磁场，切割磁感应线，产生高低脉冲电平。由于霍尔元件的输出脉冲信号频率与磁性转子的转速成正比，转子的转速又与水流量成正比，所以根据输出脉冲的频率就可以判断水流量的大小。

然而，虽说流量传感器输出的脉冲频率与水流量的大小成正比关系，但是每个厂家的产品曲线有所不同，例如有的厂家的流量计与脉冲输出频率的关系是 $f=7.5\times Q$（L/min），有的厂家流量计与脉冲输出频率的关系则是 $f=[8.1Q-6]$，其中 f——频率（Hz），Q——流量（L/min）。实际使用时注意查看产品说明书。

② 水流量传感器的接线。

水流量传感器一般有脉冲输出和模拟量电流输出两种方式，脉冲输出方式一般是三根输出线。如图 2-29 所示的流量传感器，有红、黑、黄三根引出线，根据其使用说明书可知红色接电源正极，黑色接电源负极，黄色为信号输出线。若用信捷 PLC 来采集其流量信号，则接线如图 2-30 所示。

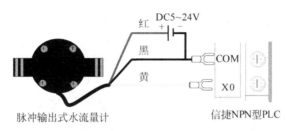

图 2-30　流量传感器与信捷 NPN 型 PLC 接线图

③ 水流量传感器的选型参数。

一般在选用水流量传感器时需要从以下几个方面进行考虑。

- 适用介质：传感器检测的液体是否是有腐蚀性，是应用中要第一个注意的事项；
- 输出形式：脉冲输出和电流输出需要使用对应的采集设备；
- 工作电压：不同厂家生产的传感器供电电压有所不同，需按照厂家标识的电压范围供电；
- 检测流量范围：需在厂家标识的测量范围内使用；
- 测量精度：测量精度小于测量误差允许范围；
- 远传距离：输出信号传递到控制器的最长距离；
- 使用环境：温度、湿度、压力等。

一句话总结：一从介质入手，二从运用需求入手，三从精度入手，就能够选到想要的液体流量传感器。

④ 流量传感器的应用领域。

液体流量传感器作为最通用的流量计，除在工业部门大量应用外，还在一些特殊部门得到广泛应用，如计量部门、科研实验、国防科技等。

（2）液位传感器

① 液位传感器的工作原理。

液位传感器（静压液位计、液位变送器、液位传感器、水位传感器）是一种测量液位的压力传感器，静压投入式液位变送器（液位计）是基于所测液体静压与该液体的高度成比例的原理制作而成。静压投入式液位变送器采用隔离型扩散硅敏感元件或陶瓷电容压力敏感传感器，将静压转换为电信号，再经过温度补偿和线性修正，转化成标准电信号（一般为直流 4～20mA/1～5V）。可以对电信号进行处理，比如和 PLC、数据采集器或者专业显示器相连接，处理后显示输出液位的高度。投入式液位传感器安装方式如图 2-31 所示。

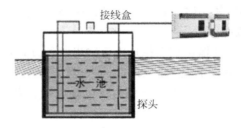

图 2-31　投入式液位传感器安装方式图

液位传感器实物如图 2-32 所示，两种液位传感器分别是一体投入式和分体投入式的液位计。

图 2-32　液位传感器实物图

② 液位传感器的接线。

以某一型号的一体投入式液位计为例，查看其产品说明书得知工作电压是直流 5～24V，输出信号为 4～20mA 电流，则接线方式如图 2-33 所示。

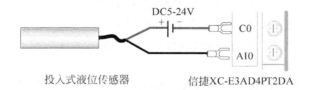

图 2-33　液位传感器与信捷 XC-E3AD4PT2DA 接线方式

③ 液位传感器的选型参数。

压力变送器选型时应参照以下内容进行：

- 确认测量压力的类型。压力类型主要有表压、绝压、差压等；表压是指以大气压为基准，小于或大于大气压力的压力；绝压是以绝对压力零位为基准，高于绝对零位的压力；差压是指两个压力之间的差值。
- 确认测量范围。一般情况下，按实际测量压力为测量范围的 80% 选取。
- 确认系统的最大过载。系统的最大过载应小于过载保护极限，否则会影响传感器的使用寿命甚至损坏传感器。
- 确认精度等级。变送器的测量误差是按准确度等级进行划分的，不同的精确度对应不同的基本误差限（以满量程输出点百分数表示）。实际应用中，根据测量误差的控制要求并本着经济适用的原则进行选择。
- 确认工作温度范围。测量介质温度应处于变送器工作温度范围内，若超温使用，将会产生较大的测量误差并影响使用寿命；在压力变送器的生产过程中，会对温度影响进行测量和补偿，以确保产品受温度影响产生的测量误差处于准确度等级要求的范围内。在温度较高的场合，可以考虑选择高温型压力变送器或采取安装冷凝管、散热器等辅助降温措施。
- 确认测量介质和接触器材的兼容性。在某些测量场合，测量介质有腐蚀性，此时需选用与测量介质兼容的材料或进行特殊的工艺处理，确保变送器不被损坏。
- 确认供电电源和输出型号。需要与系统中供电以及采集信号的设备相匹配。
- 确认现场工作情况及其他。了解是否存在振动以及电磁干扰等，并在选型时提供相关信息，以便采取相应处理。在选型时，其他如电气连接方式等也应根据情况予以考虑。

④ 液位传感器的应用领域。

液位传感器广泛用于电力、石油、化工、冶金、环保、船舶、建筑、食品等各行业生产过程中的液位测量与控制。

2. PLC 调用 C 语言功能

XC 系列 PLC 支持几乎所有的 C 语言函数，C 语言功能相对于梯形图有以下优点：
① 在涉及复杂的数学运算时，C 语言的优势更加明显；
② 增强了程序的保密性（无论何种方式下载，C 语言部分都无法上传）；
③ C 语言功能块可进行多处调用和不同文件的调用，大大提高了编程人员的效率。
C 语言函数调用方法如下：
(1) 新建 C 语言功能块。

打开 XCPpro 编程软件，右击编程软件"工程"栏里的 C 函数功能块 图标，如图 2-34 所示。单击 添加新函数功能块 ，弹出如图 2-35 所示的对话框。可以在图 2-35 所示对话框中修改函数功能块名称、描述、作者等信息，也可以不做修改。

(2) 在新建完 C 语言功能块后，编程软件左侧"工程"栏 C 函数功能块下方会出现刚刚新建的 C 程序名称，如图 2-36 所示。双击 FUNC1 ，会出现如图 2-37 的编辑界面。

- 参数传递方式：在梯形图调用时，传入的 D_X 和 M_X，对应 W[0] 和 B[0] 的起始地址。如梯形图中使用的参数为 D0，M0，则 W[0] 为 D0，W[10] 为 D10，B[0] 为 M0，B[10] 为 M10。如梯形图中使用的参数为 D100，M100，则 W[0] 为 D100，B[0] 为 M100。因此，字与位元件的首地址由用户在 PLC 程序中设定。

图 2-34　新建 C 函数功能块

图 2-35　C 函数功能块对话框

图 2-36　C 语言新建成功界面

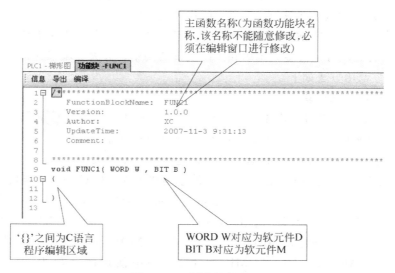

图 2-37　C 语言编辑界面

- 参数 W：表示字软元件，使用时按数组使用。如 W [0] ＝1，W [1] ＝W [2] ＋W [3]，在程序中可按照标准 C 语言规范使用。
- 参数 B：表示位软元件，使用时也按数组使用，支持位置 1 和位清零，如 B [0] ＝1，B [1] ＝0，以及赋值，如 B [0] ＝B [1]。
- 双字运算：在 W 前加个 D，如 DW [10] ＝100000，表示给 W [10] W [11] 合成的双字赋值。
- 浮点运算：支持在函数中定义浮点变量，以及进行浮点运算（例如，浮点数寄存器 D0 可表示为 FW [0]，FW [0] ＝123.456）。
- 函数库：用户功能块可以直接使用函数库中定义的函数和常量，函数库中包含的函数和常量见信捷可编程控制器用户手册。

（3）应用举例：将 PLC 中寄存器 D0，D1 相加，然后将值赋给 D2。

① 首先在"工程"工具栏里，新建一个函数功能块，在这里把它命名为 ADD_2，并且编辑 C 语言程序。

② 编辑完之后，单击"编译"按钮，如图 2-38 所示。

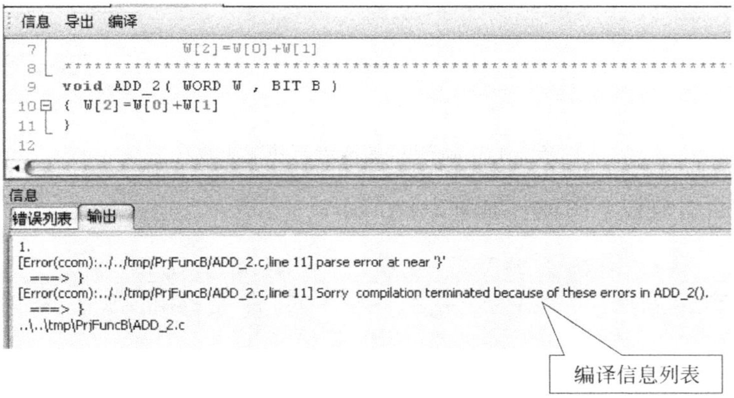

图 2-38 C 语言功能编译窗口

根据编译信息列表内所显示的信息，可以查找和修改 C 语言程序里的语法漏洞。在这里比较容易的发现程序中 W [2] ＝W [0] ＋W [1] 的后面缺少符号"；"。

将程序修改后，再次进行编译。从列表信息里可以确认，程序中并没有语法错误，如图 2-39 所示。

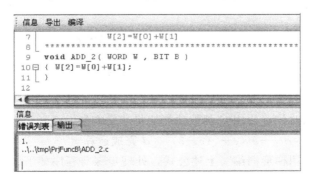

图 2-39 C 语言功能编译正确界面

③ 编写 PLC 程序，分别赋值十进制数 10 和 20 到寄存器 D0 与 D1 中，并调用函数功能块 ADD_2，如图 2-40 所示。

图 2-40　调用 C 加法语言功能块程序

④ 将程序下载到 PLC 当中，运行 PLC，并置位 M0，如图 2-41 所示。

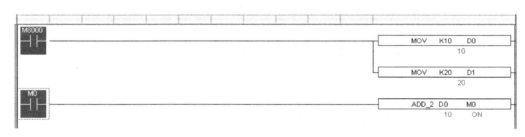

图 2-41　监控 C 加法语言功能块程序

⑤ 单击"自由监控"图标，如图 2-42 所示。

图 2-42　打开自由监控功能

添加 D2，并将其设置为浮点型，可以通过监控观察到 D2 的值变成了 30，说明赋值成功了，如图 2-43 所示。

图 2-43　自由监控结果

如果要进行一个复杂运算（包括加减运算，但是运算步骤很多），尤其是需要重复使用这个算法处理数据时候，使用 C 函数功能块将非常方便。

例如，用公式 $a=b/c+b\times c+(c-3)\times d$ 完成运算。

方法一：如果使用梯形图编写上述公式，处理步骤与程序如下。

步骤一，求出 c-3；
步骤二，算出三个乘式的积；
步骤三，求和。

虽然只有以上三个步骤，但是梯形图只支持两个源操作数，所以必须分成多步求结果，如图 2-44 所示。

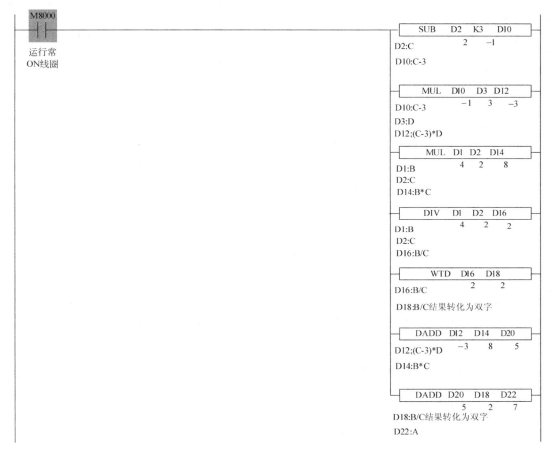

图 2-44 梯形图程序（实例）

在上面梯形图运算中有几点要注意：

① MUL 运算结果为双字，就是说 MUL D1 D2 D14 [D15]，其结果是存放在 D14 [D15] 两个寄存器内。

② DIV 运算结果分商和余数，即 DIV D1 D2 D16，商在 D16 中，余数在 D17 中，所以如果运算有余数则精度就降低了，要得到精确的结果得使用浮点数运算。

③ 在求和时，由于 D16 为商，是单字数据，所以加运算的时候得先统一数据类型，最终得到的结果存放在 D22 [D23] 中。

方法二：使用 C 函数写，梯形图程序如图 2-45 所示。
首先，对上述 C 语言梯形图指令结构进行解析，见表 2-7。

图 2-45 调用 C 函数编程（实例）

表 2-7 C 语言梯形图指令结构进行解析表

RESULT	为函数功能块的名称
D0	表示函数中 W [0] 为 D0，W [1] 为 D1，以此类推；如果 S2 为 D32，则函数块中 W [0] 为 D32，W [1] 为 D33，以此类推
M0	表示函数中 B [0] 为 M0，B [1] 为 M1，以此类推；如果 S2 为 M32，则函数块中 B [0] 为 M32，B [1] 为 M33，以此类推

C 语言部分内容如图 2-46 所示。

```
 9   void RESULT( WORD W , BIT B )
10   {
11       long int a,b,c,d;;
12       b=W[1];
13       c=W[2];
14       d=W[3];
15       a=b/c+b*c+(c-3)*d;
16       DW[4]=a;
17   }
```

图 2-46 例 1 用 C 语言编程程序

通过两种方法的对比可以看出，通过 C 函数功能，能够大大简化梯形图编程，提高编程效率。

上面的 C 函数运算和梯形图相似，精度也不高，如果要得到精确结果则使用浮点运算。

3. C 语言编写 PID 指令

由 PID 的控制公式：

$$u = K_p \left(e + \frac{1}{T_i} \int_0^t e dt + T_d \frac{de}{dt} \right) + u_0$$

可以在信捷 XCPPro 软件的 C 语言模块中编写 PID 算法，再在梯形图中调用，C 语言编写 PID 算法程序如下：

```
unsigned int PIDCalc( struct PID * pp,unsigned int NextPoint )
{unsigned int dError,Error;
Error = pp->SetPoint - NextPoint;           //偏差
pp->SumError += Error;                      //积分
dError = pp->LastError - pp->PrevError;     //当前微分
pp->PrevError = pp->LastError;
pp->LastError = Error;
return (pp->Proportion * Error              //比例项
    + pp->Integral * pp->SumEror            //积分项
    + pp->Derivative * dError);             //微分项}
```

思考与练习二

2-1 不使用PID自整定功能,直接手动输入比例、积分、微分三个参数,完成本项目的控制要求。

2-2 不使用PLC集成的PID指令,直接调用C语言功能,用C语言编写PID算法完成本项目的控制要求。

2-3 若用变频器内置PID功能来完成恒压供水系统的控制,系统该如何设计?试画出硬件接线图,给出变频器参数设置以及PLC软件设计。

2-4 不用扩展模块的0～10V电压而改用4～20mA电流来控制变频器的频率,完成本项目的控制要求。

2-5 除完成本项目的控制要求外,还要求通过触摸屏显示压力变化曲线,并显示超调量(%)、上升时间(0.1s)、调整时间(0.1s)以及稳态误差,各参数在压力波形图中的含义如图2-47所示。

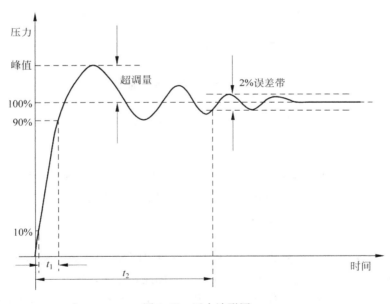

图2-47 压力波形图

项目三

异步电动机闭环定位换速控制系统

一、任务提出

试设计异步电动机闭环定位换速控制系统，系统工作示意图如图 3-1 所示。

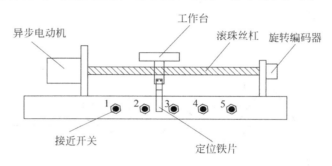

图 3-1　系统工作示意图

图 3-1 所示工作台上的电动机为自带减速机的异步电动机，其减速比为 1∶10，即电动机轴转 10 圈，减速机的输出轴转 1 圈，电动机的极对数为 2。

编码器为 1000 线，丝杠丝距为 5mm。

具体控制要求如下：

① 将接近开关 2 作为机械原点，上电后，若工作台不在原点，则按下复位按钮，工作台回原点处停止（无论上电时工作台处于原点左侧还是右侧，按下复位按钮均可回原点）；

② 接近开关 1 和 5 作为左右极限，任何时候，工作台都不可以超越极限运行。

③ 当工作台处于原点时，按下启动按钮，工作台以 5mm/s 的速度运行 60mm，然后以 7.5mm/s 的速度运行 60mm，再以 10mm/s 的速度运行至右限位后停止，停止 3s 后以 8mm/s 的速度返回至原点处停止；

④ 直至再次按下启动按钮，重复第③步骤；

⑤ 任意时刻，按下停止按钮，工作台均停止在当前位置，且只有复位至原点才能再次启动；

⑥ 任意时刻，按下复位按钮，工作台均以 8mm/s 的速度复位到原点；

⑦ 触摸屏上要求显示工作台实时速度，精确到 0.1mm/s，并显示当前相对于原点的位置，精确到 0.1mm；

⑧ 触摸屏上显示定时时间，精确到 0.1s；
⑨ 触摸屏上显示工作台运行状态，如上电是否在原点、前进、返回、停止等；
⑩ 所有的触发信号可以通过外部按钮输入，也可以通过触摸屏输入，如自学习键，可用 PLC 的输入端子输入，也可以由触摸屏上的某一个按钮部件来输入；
⑪ 要求 PLC 采用通信的方式实现变频器频率给定。

触摸屏程序编辑界面如图 3-2 所示。

图 3-2　触摸屏程序编辑界面

二、相关知识

（一）光电编码器

光电编码器是一种集光、机、电为一体的数字化检测装置。它具有分辨率高、精度高、结构简单、体积小、使用可靠、易于维护、性价比高等优点。图 3-3 所示为光电编码器实物图。

近十几年来，光电编码器已发展为一种成熟的多规格、高性能的系列工业化产品，在数控机床、机器人、雷达、高精度闭环调速系统、精密机械制造、自动化工程及包装、精密电子制造、制造工程等诸多领域中得到了广泛的应用。

图 3-3　光电编码器实物图

1. 光电编码器的工作原理

光电编码器可以定义为一种通过光电转换，将输至轴上的机械、几何位移量转换成脉冲或数字量的传感器，它主要用于速度或位置（角度）的检测。

典型的光电编码器由码盘（Disk）、检测光栅（Mask）、光电转换电路（包括光源、光敏器件、信号转换电路）、机械部件等组成，其工作原理图如图 3-4 所示。

由于光电码盘与电动机同轴，电动机旋转时，光栅盘与电动机同速旋转，经发光二极

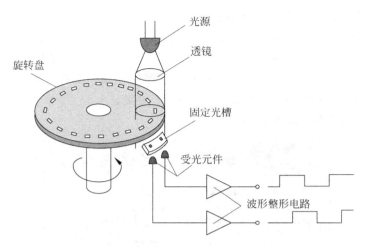

图 3-4 光电编码器工作原理图

管等电子元件组成的检测装置检测输出若干脉冲信号,通过计算每秒光电编码器输出脉冲的个数就能反映当前电动机的转速。此外,为了可判断旋转方向,码盘还可提供相位相差 90°的两路脉冲信号。

2. 光电编码器的输出方式

光电编码器信号输出有正弦波(电流或电压)、方波(TTL、HTL)、集电极开路(PNP、NPN)、推拉式多种形式,其中 TTL 为长线差分驱动(对称 A,A−;B,B−;Z,Z−),HTL 也称推拉式、推挽式输出。编码器的信号接收设备接口应与编码器对应。

编码器几种输出电路图如图 3-5 所示。

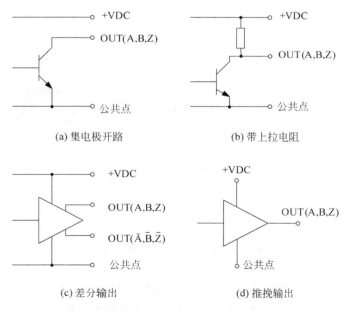

图 3-5 编码器几种输出电路图

对于 TTL 的带有对称负信号输出的编码器，信号传输距离可达 150m。
对于 HTL 的带有对称负信号输出的编码器，信号传输距离可达 300m。

3. 光电编码器分类

光电编码器按编码方式可分为绝对式编码器、增量式编码器和混合式编码器，如图 3-6 所示。

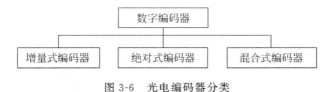

图 3-6　光电编码器分类

（1）绝对式旋转编码器

绝对式旋转编码器用光信号扫描分度盘（分度盘与传动轴相联）上的格雷码刻度盘以确定被测物的绝对位置值，然后将检测到的格雷码数据转换为电信号以脉冲的形式输出测量的位移量。

绝对式旋转编码器的特点：

① 在一个检测周期内对不同的角度有不同的格雷码编码，因此编码器输出的位置数据是唯一的。

② 因使用机械连接的方式，在掉电时编码器的位置不会改变，上电后可以立即取得当前位置数据。

③ 检测到的数据为格雷码，因此不存在测量信号的检测误差。

（2）增量式旋转编码器

增量光信号扫描分度盘（分度盘与转动轴相联），通过检测、统计信号的通断数量来计算旋转角度。

增量式旋转编码器的特点：

① 编码器每转动一个预先设定的角度将输出一个脉冲信号，通过统计脉冲信号的数量来计算旋转的角度，因此编码器输出的位置数据是相对的。

② 由于采用固定脉冲信号，因此旋转角度的起始位可以任意设定。

③ 由于采用相对编码，因此掉电后旋转角度数据会丢失，需要重新复位。

（3）混合式旋转编码器

混合式旋转编码器用光信号扫描分度盘（分度盘与转动轴相联），通过检测、统计光信号的通断数量来计算旋转角度，同时输出绝对旋转角度编码与相对旋转角度编码。

混合式旋转编码器的特点：具备绝对编码器的旋转角度编码的唯一性与增量编码器的应用灵活性。

4. 编码器的选型参数

① 光电编码器的输出方式：编码器输出方式需要与采集编码器信号的设备的输入方式相匹配；

② 光电编码器的精度：即光电编码器的线数，线数越高精确度越高；

③ 光电编码器的工作电压：给编码器提供电源的电压要与其工作电压相匹配；

④ 光电编码器的安装方式：需要确定编码器的安装方式，来决定轴是空心的还是实心的、轴径是多大、编码器外径是多大、引出线的长度是多少等；

⑤ 光电编码器的编码方式：增量式、绝对式以及混合式编码器。

⑥ 编码器的防护等级：很多编码器在现场使用一段时间后突然损坏，究其原因，很多是由于编码器的防护等级不够。然而很多时候工作环境并没有粉尘、水汽的问题，怎么还会损坏呢？其实编码器在工作环境中，或编码器在工作与停机的变化中，由于热胀冷缩的温差而造成内外气压差，防护等级差的编码器（包括其他传感器），会产生"呼吸性"水汽，由于内外压差使水汽吸入编码器，随时间的积累而损坏内部光学系统或线路板，进而损坏编码器。这种内部的损坏是慢性积累的。这种情况在工程项目中尤为突出，例如在高温、温差大的地区，高湿度地区，沿海地区（空气中含盐分）。因此，工程项目中所使用的编码器，一定要使用标准工业级的高防护等级性能的编码器。

5. 编码器的接线

根据编码器不同的输出方式，其接线也是不同的，通常所用的是集电极开路输出的增量式编码器。增量式编码器有 5 条引线，其中 3 条是脉冲输出线，1 条是 0V 端线，1 条是电源线。

通过查看编码器名牌，可以知道这 5 根线的分配，某编码器名牌如图 3-7 所示。

图 3-7 某品牌编码器名牌

由图 3-7 可知，此编码器红色线是电源线，黑色线是 0V 端，绿色线是 A 相，白色线是 B 相，黄色线是 Z 相。然而，不同编码器厂家，编码器引出线对应的功能是不一样的，实际使用时，需要查看所用的编码器铭牌或者说明书加以确认。

下面以信捷 PLC 为例来说明编码器与 PLC 的连接方法，如图 3-8 所示。

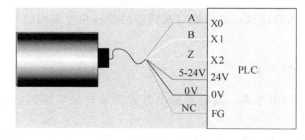

图 3-8 编码器与信捷 PLC 接线图

编码器的电源可以是外接电源,也可直接使用 PLC 的 DC24V 电源。使用外接电源时,电源"一"端要与编码器的 0V 端连接,"十"端与编码器的电源端连接;编码器的 0V 端与 PLC 输入 COM 端连接;使用 PLC 的 DC24V 电源时,由于信捷 PLC 的"0V"与"COM"是内部短接的,故编码器的 0V 端不需要再和 PLC 输入 COM 端连接;A、B、Z 这三相脉冲输出线直接与 PLC 的输入端连接;A、B 为相差 90°的脉冲,Z 相信号在编码器旋转一圈只有一个脉冲,通常用来作为零点的依据。旋转编码器还有一条屏蔽线,使用时要将屏蔽线接地,提高抗干扰性。

(二) 接近开关

1. 接近开关的工作原理

接近开关是一种不需要和被检测物接触,用感应方法将被测物体的远近状态转换成电信号的无触点开关。其内部由半导体或集成电路组成,外壳采用金属或高强度工程塑料,中间用坚固的树脂填充形成全封闭的结构。接近开关工作过程中没有机械磨损,不产生电火花和噪声干扰,有极好的防水防腐性能,动作灵敏,稳定可靠。

接近开关实物图如 3-9 所示。

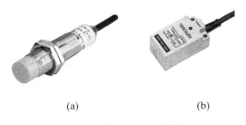

(a)　　　　　　(b)

图 3-9　接近开关实物图

2. 接近开关的种类

位移传感器可以根据不同的原理和不同的方法制作而成,而不同的位移传感器对物体的"感知"方法也不同,所以常见的接近开关有以下几种:

① 无源接近开关;
② 涡流式接近开关;
③ 电容式接近开关;
④ 霍尔接近开关;
⑤ 光电式接近开关;
⑥ 电感式接近开关。

还有利用多普勒效应制成的超声波接近开关、微波接近开关等其他形式的接近开关。

3. 接近开关的技术指标

(1) 标准检测距离及检测体位置设定

当标准检测体沿接近开关轴向靠近,接近开关刚好动作时,标准检测体与接近开关之间的距离称为标准检测距离。因为检测距离受温度变化、电压波动的影响,为了使接近开关能够稳定工作,应该使检测体的最大检测距离小于标准检测距离。当使用标准检测体时,设定距离应小于标准距离的80%,如果检测体的形状小于标准检测体,或检测体由铁以外的材料制成,则设定距离应进一步减少。

(2) 回差

检测体靠近接近开关检测面时,接近开关刚好动作的距离称为动作距离;相反检测体远离接近开关检测面,接近开关正好复位的距离称为复位距离。复位距离与动作距离之间的差称为回差。检测距离及回差示意图如图 3-10 所示。

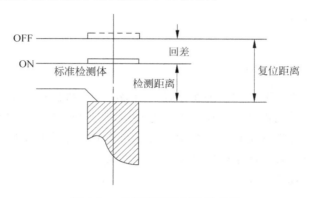

图 3-10 检测距离及回差示意图

(3) 标准检测体

接近开关的检测距离与检测体的大小与材质有关系,检测体的外形越大对应的检测距离越长,但是检测体大到一定程度后检测距离保持不变。通常,标准检测体是在一定距离能被接近开关检测到的最小检测体(厚度为 1mm 的铁片)。检测距离及标准检测体示意图如图 3-11 所示。

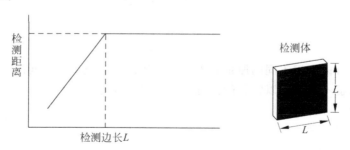

图 3-11 检测距离及标准检测体示意图

(4) 重复精度

在周围温度和电源电压一定的条件下,加入电源电压 30min 以后,在 1h 之内,使用标准检测体测量 5 次,最大动作距离与最小动作距离的差称为重复精度。

(5) 响应频率

单位时间内能够检测标准检测体的最大次数,单位用 Hz 表示。

(6) 检测体材料对检测距离的影响

检测体不是铁金属时实际检测距离应按修整系数修改各种材料的修整系数,如图 3-12

所示。

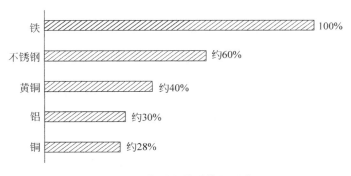

图 3-12 各种材料的修整系数

(7) 电缆配线

在系统配线时注意将接近开关电缆与动力线、高压线分开配置。绝不能放置在同一配线管内，延长电缆小于 30m 的场合请使用线径大于 0.3mm² 的电缆，延长电缆大于 30m 的场合请使用导体电阻率小于 100Ω/km 的电缆。如果输出频率高，延长电缆长则要考虑线间电容对输出波形的影响。

4. 接近开关的选型

不同使用环境应选择各自适合的接近开关，例如以下几种情况：

① 在一般的工业生产场所，通常都选用涡流式接近开关和电容式接近开关，因为这两种接近开关对环境的要求条件较低。

② 当被测对象是导电物体或可以固定在一块金属物上的物体时，一般都选用涡流式接近开关，因为它的响应频率高、抗环境干扰性能好、应用范围广、价格较低。

③ 若所测对象是非金属（或金属）、液位高度、粉状物高度、塑料、烟草等，则应选用电容式接近开关。这种开关的响应频率低，但稳定性好。安装时应考虑环境因素的影响。

④ 若被测物为导磁材料或为了区别和它一同运动的物体而把磁钢埋在被测物体内时，应选用霍尔接近开关，它的价格最低。

⑤ 在环境条件比较好、无粉尘污染的场合，可采用光电接近开关。光电接近开关工作时对被测对象几乎无任何影响。因此，在要求较高的传真机上、在烟草机械上光电接近开关都被广泛地使用。

⑥ 在防盗系统中，自动门通常使用热释电接近开关、超声波接近开关、微波接近开关。有时为了提高识别的可靠性，上述几种接近开关往往被复合使用。

无论选用哪种接近开关，都应注意对工作电压、负载电流、响应频率、检测距离等各项指标的要求。

5. 接近开关的接线方法

接近开关按输出形式又可分为交流两线式、直流两线式和直流三线式，其中直流三线式又分为 PNP 输出和 NPN 输出两种类型。接近开关可以直接驱动继电器、计数器等直流负载。

（1）NPN 型

NPN 型接近开关接线图如图 3-13 所示。

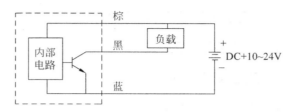

图 3-13　NPN 型接近开关接线图

（2）PNP 型

PNP 型接近开关接线图如图 3-14 所示。

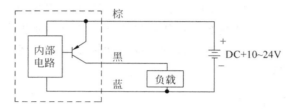

图 3-14　PNP 型接近开关接线图

（3）直流两线制

两线制接近开关接线图如图 3-15 所示。

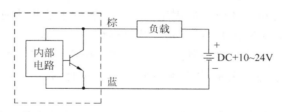

图 3-15　两线制接近开关接线图

观察接近开关的原理图可知，一般的接近开关不管是 NPN 型还是 PNP 型，都是遵循一个接线口诀：棕接正，蓝接负，黑接信号线。

知道了接近开关的工作原理，那么如何与 PLC 进行连接呢？下面以 NPN 型输出的 3 线制接近开关与信捷 NPN 型输入型 PLC 连接为例，说明接近开关与 PLC 的连接方式，如图 3-16 所示。

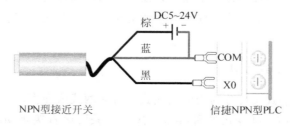

图 3-16　NPN 型接近开关与信捷 PLC 接线图（外部电源供电）

由于信捷PLC本体也提供直流24V的电源输出，并且电源的0V与输入端的COM端是内部短接的，故若使用PLC作为传感器的供电电源，接线方式如图3-17所示。

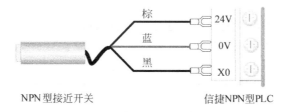

图3-17　NPN型接近开关与信捷PLC接线图（PLC本体供电）

6. 接近开关适用的自动化控制领域

① 输送系统及包装机械；
② 纺织机械；
③ 木工机械；
④ 仓库保管设备；
⑤ 封装填充机械；
⑥ 自动化生产流水线。

（三）Modbus通信

1. 通信口

XC系列可编程控制器都支持Modbus协议、自由协议通信功能，24点以上PLC具备两个通信口，通信口1支持RS232，通信口2既支持RS485又支持RS232，如图3-18所示。

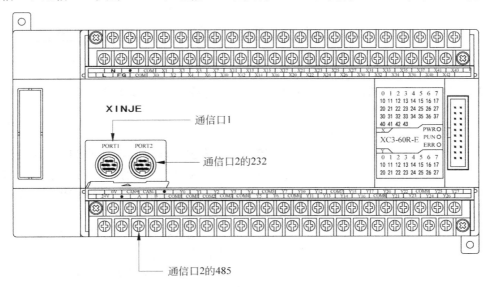

图3-18　PLC串口位置示意图

注意：通信口 2 虽然支持两种通信方式，但是不可以同时使用！

2. 通信参数设置

通过上述通信口，可以使两个串行通信设备任意通信，但是在通信之前，必须设置相互可以辨识的参数，具体见表 3-1 所示。

表 3-1 通信口参数设置

站号	Modbus 站号 1~254、255（FF）为自由格式通信
波特率	300b/s~115.2kb/s
数据位	8 个数据位、7 个数据位
停止位	2 个停止位、1 位停止位
校验	偶校验、奇校验、无校验

通信口默认参数：站号为 1、波特率为 19200b/s、8 个数据位、1 个停止位、偶校验。XCPPro 编程软件中集成了修改通信口的模块，如图 3-19 所示。

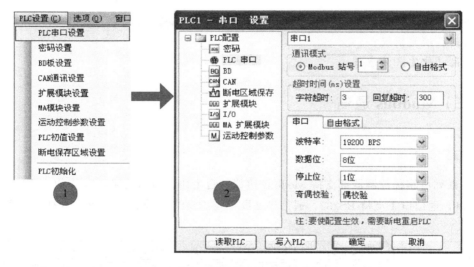

图 3-19 PLC 串口设置步骤

通过软件来修改通信口参数，方便直观，且不易出错，修改完成后，重新上电才能生效。

XC 系列可编程控制器本体支持 Modbus-RTU 协议通信主、从站形式。主站形式：可编程控制器作为主站设备时，通过 Modbus 指令可与其他使用 Modbus-RTU 协议的从机设备通信；与其他设备进行数据交换。例如信捷 XC 系列 PLC 可以通过通信来控制变频器。

从站形式：可编程控制器作为从站设备时，只能对其他主站的要求作出响应。

主从的概念：在 RS485 网络中，某一时刻，可以有一主多从的结构，如图 3-20 所示。其中，主站可以对其

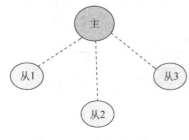

图 3-20 一主多从示意图

中任意从站进行读写操作，从站之间不可直接进行数据交换，主站需编写通信程序，对其中的某个从站进行读写；从站无须编写通信程序，只需对主站的读写进行响应即可。接线方式：所有的"485＋"连在一起，所有的"485－"连在一起。

Modbus 指令一览表见表 3-2。

表 3-2 Modbus 指令一览表

功　能	对应的 Modbus 指令
读线圈指令	COLR
读输入线圈指令	INRR
读出寄存器内容	REGR
读输入寄存器指令	INRR
写单个线圈指令	COLW
写单个寄存器指令	REGW
写多个寄存器指令	MRGW
写多个线圈指令	MCLW

例：如果一台信捷 XC 系列 PLC 为上位机，和另一台 XC 系列 PLC 通信，对 D2（地址 H0002）写 K5000（十进制 5000），则指令如图 3-21 所示。

图 3-21 寄存器写指令

M0 为触发条件，采用上升沿执行一次。使用信捷 PLC 进行 Modbus 通信时，虽然只执行一次通信指令，但如果通信不成功，系统会自动重播两次，如果三次通信都不成功则视本次通信完成。

REGW 指令和 RTU 协议数据的对应关系见表 3-3，其余指令与此类似。

表 3-3 REGW 指令和 RTU 协议数据的对应关系

REGW	功能码 06H
K1	站号地址
H0002	Modbus 地址
K5000	数据内容即 1388H
K2	PLC 通信串口号

（四）变频器的应用（通信控制）

1. 接线

信捷 PLC 与信捷变频器通信时建议通过 RS485 接口，即将 PLC 的 A 端接变频器的 A 端，PLC 的 B 端接变频器的 B 端。

2. 通信相关参数设置

通信为 RS485 接口，异步串行，半双工传输。默认数据格式为：1 位起始位，8 位数据位，1 位停止位，波特率为 19200bps，站号为 1。通信参数设置参见附录 E 中 P3.09～P3.12 功能码，通信时需要与上位机参数保持一致。

3. Modbus 地址分配

变频器 Modbus 地址分配见表 3-4 所示。

表 3-4　变频器 Modbus 地址分配

定　义	参 数 地 址	功 能 说 明
内部设定参数	GGnnH	GG 代表参数群，nn 代表参数号码
对变频器命令 （06H）	2000H	0001H：运行命令（正转） 0002H：正转运行命令 0003H：反转运行命令 0004H：点动运行命令（正转） 0005H：点动正转运行命令 0006H：点动反转运行命令 0007H：减速停机命令 0008H：紧急停车命令 0009H：点动停机命令 000AH：故障复位命令
	2001H	串口设置频率命令
监控变频器状态 （03H）	2100H	读变频器故障码
	2101H	读变频器状态 BIT0：运行停止标志。0：停止；1：运行 BIT1：欠压标志。1：欠压；0：正常 BIT2：正反转标志。1：反转；0：正转 BIT3：点动运行标志。1：点动；0：非点动 BIT4：闭环运行控制选择。1：闭环；0：非闭环 BIT5：摆频模式运行标志。1：摆频；0：非摆频 BIT6：PLC 运行标志。1：PLC 运行；0：非 PLC 运行 BIT7：端子多段速运行标志。1：多段速；0：非 BIT8：普通运行标志。1：普通运行；0：非 BIT9：主频率来源自通信界面。1：是；0：否 BIT10：主频率来源自模拟量输入。1：是；0：否 BIT11：运行指令来源自通信界面。1：是；0：否 BIT12：功能参数密码保护。1：是；0：否

续表

定　义	参数地址	功能说明
	2102H	读变频器设定频率
	2103H	读变频器输出频率
	2104H	读变频器输出电流
	2105H	读变频器母线电压
	2106H	读变频器输出电压
	2107H	读电动机转速
	2108H	读模块温度
	2109H	读VI模拟输入
	210AH	读CI模拟输入
	210BH	读变频器软件版本
	210CH	I/O端子状态 Bit0：X1 Bit1：X2 Bit2：X3 Bit3：X4 Bit4：X5 Bit5：X6 Bit6：FWD Bit7：REV Bit8：OC Bit9：继电器输出
读功能码数据 （03H）	GGnnH （GG：功能码组号。 nn：功能码号）	变频器回应功能码数据 （作Modbus地址时，功能码号nn必须转化为十六进制数）
写功能码数据 （06H）	GGnnH （GG：功能码组号。 nn：功能码号）	写入变频器的功能码数据 （作Modbus地址时，功能码号nn必须转化为十六进制数）

例：设定变频器频率为45Hz，程序如图3-22所示。

图3-22　样例程序梯形图

注意：由于变频器频率精确到0.01Hz，但是变频器内寄存器都是整数，所以与触摸屏中寄存器类型都是整数，但是又要显示小数位一样，属于假小数。

（五）高速计数

由于普通的计数器在执行时会受PLC扫描周期的影响，故在某些需要测量高速输入信号的场合，普通的高速计数器不再能满足需求，这就要用到高速计数器。

XC系列PLC具有与可编程控制器扫描周期无关的高速计数功能，通过选择不同计数器来实现针对测量传感器和旋转编码器等高速输入信号的测定，其最高测量频率可达 80kHz。

1. 高速计数器模式

XC 系列高速计数器共有三种计数模式，分别为递增模式、脉冲＋方向模式、AB 相模式。

（1）递增模式

此模式下，计数输入脉冲信号，计数值随着每个脉冲信号的上升沿递增计数。递增模式时序图如图 3-23 所示。

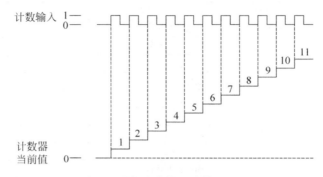

图 3-23 高速计数递增模式说明

（2）脉冲＋方向模式

此模式下，脉冲信号和方向信号都被输入，而计数值则根据方向信号状态进行递增或递减计数，当计数方向为 OFF 时，则在计数输入上升沿进行加计数；当计数方向为 ON 时，则在计数输入上升沿进行减计数。脉冲＋方向模式时序图如图 3-24 所示。

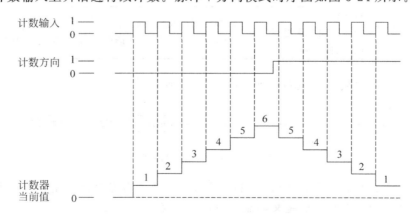

图 3-24 计数脉冲＋方向模式时序图

（3）AB 相模式

此模式下，高速计数值依照两种差分信号（A 相和 B 相）进行递增或递减计数，根据倍频数，又可分为 1 倍频和 4 倍频两种模式，但其默认计数模式为 4 倍频模式。

1 倍频计数模式和 4 倍频计数模式时序图分别如图 3-25 和图 3-26 所示。

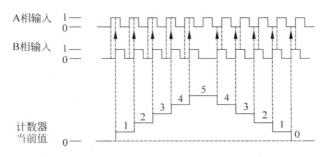

图 3-25　高速计数 AB 相 1 倍频模式时序图

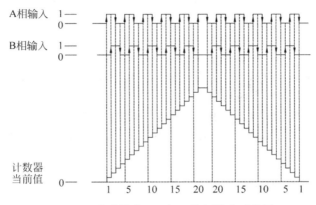

图 3-26　高速计数 AB 相 4 倍频模式时序图

对于 AB 相计数，可通过对特殊 FLASH 数据寄存器 FD8241、FD8242、FD8243 内数据进行修改来设定倍频值，当值为 1 时为 1 倍频，当值为 4 时为 4 倍频。

2. **硬件接线**

对于计数脉冲输入端接线，依据可编程控制器型号及计数器型号不同而稍有区别，以 XC3 系列 48 点 PLC 为例，高速计数递增模式接线如图 3-27 所示。

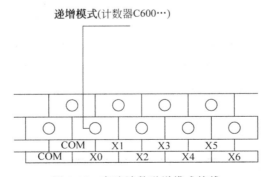

图 3-27　高速计数递增模式接线

高速计数脉冲＋方向接线如图 3-28 所示。

高速计数 AB 相模式接线如图 3-29 所示。

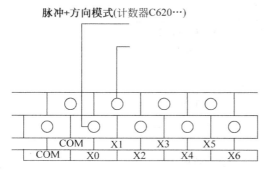

图 3-28 高速计数脉冲＋方向模式接线

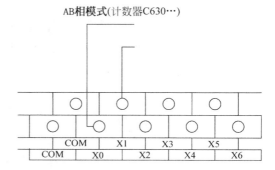

图 3-29 高速计数 AB 相模式接线

3. 计数范围

高速计数器计数范围为 K－2，147，483，648～K＋2，147，483，647。当计数值超出此范围时，则产生上溢或下溢现象。

所谓产生上溢，就是计数值从 K＋2，147，483，647 跳转为 K－2，147，483，648，并继续计数；而当产生下溢时，计数值从 K－2，147，483，648 跳转为 K＋2，147，483，647，并继续计数。

4. 高速计数指令用法

高速计数相关指令一览表见表 3-5 所示。

表 3-5 高速计数相关指令一览表

指令助记符	功　能	回路表示及可用软元件
HSCR	高速计数读取	┤├── HSCR S D
HSCW	高速计数写入	┤├── HSCW S D
OUT	高速计数	┤├── (Cn Kn/D)
OUT	24 段高速计数中断	┤├── (Cn Kn D)
RST	高速计数复位	┤├── RST C

（1）高速计数值读取指令 ［HSCR］

高速计数读取指令是将高速计数值读取至指定数据寄存器中的指令。指令说明如图 3-30 所示。

当触发条件成立时，将高速计数器 C630（双字）内的高速计数值读取至双字数据寄存器 D10 中。

（2）高速计数值写入指令 [HSCW]

高速计数值写入指令是将指定寄存器中的数值写到高速计数器中的指令。指令说明如图 3-31 所示。

图 3-30　高速计数值读取指令说明　　　　图 3-31　高速计数值写入指令说明

当触发条件成立时，将双字数据寄存器 D20 内数值写入至高速计数器 C630 内，原有数据被取代。

注意：高速计数器不要直接参与除 HSCR 与 HSCW 以外的任何应用指令或数据比较指令（如 DMOV、LD>、DMUL 等），而必须通过这两条指令转化成其他寄存器后方可进行。

（3）高速计数复位 [RST]

高速计数器复位方法如图 3-32 所示。

图 3-32　高速计数器复位方法

如图 3-32 所示，当 M0 置 ON，C600 开始对 X0 端口的脉冲输入进行计数；当 M1 由 OFF 变为 ON 时，对 C600 的状态值进行复位，计数值清零。高速计数器的驱动指令与普通计数器一样，用"OUT"。

注意：高速计数器的工作原理和使用方法与普通计数器是不同的，普通计数器是导通条件"M0"，由 OFF 变为 ON 一次，普通计数器的值加 1；而高速计数器计数时前面的导通条件必须处于常闭状态，此时相当于该高速计数器被启用，但是高速计数器的值并不改变，只有当相对应的外部信号输入端子接收到信号时，高速计数器才进行计数。若外部信号输入端子有信号输入，而其触发条件没有闭合，则高速计数器也不会计数。

5. 测频

测频指令 [FRQM] 是进行频率测量的指令，指令说明如图 3-33 所示。

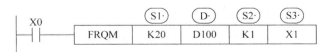

图 3-33　FRQM 指令使用说明

其中 FRQM 指令参数的含义见表 3-6。

表 3-6　FRQM 指令参数含义

操作数	作用
S1	指定采样脉冲个数的数值或软元件地址编号
S2	指定分频选择的数值
S3	指定脉冲输入端口
D	指定测量结果的软元件编号

【程序说明】

X0 为 ON 时，FRQM 周而复始地从 X1 采样 20 个脉冲，记录下采样时间，将采样个数除以采样时间计算出频率值存入 D100 中，单位为 Hz，不断地重复测量。如果测量的频率值小于测量的范围，则返回测量值为 0。

注意：① 采样脉冲个数为计算脉冲频率的采样脉冲个数，此参数值可以根据所测频率的大小适当地进行调整（一般来说，所测频率越高采样脉冲个数越多）。

② 分频选择：K1 表示测定的频率范围为 10Hz~80kHz。

③ 测量结果，单位为 Hz。

6. 顺序功能块 BLOCK

顺序功能块 BLOCK 是为了实现某些功能而存在的一段程序块。可以将 BLOCK 理解为一个特殊的流程，在这个特殊的流程里，所有的程序按照一个原则来执行。顺序执行原则，即上一条程序执行完成之后，才会去执行下一条程序。

这也是 BLOCK 与一般流程最大的不同之处，同时根据 BLOCK 的这个特点，可以解决对同一脉冲口发送脉冲导致的双线圈问题，也可以解决不能在同一流程中对同一串口发送多条通信指令的问题。

BLOCK 开始于 SBLOCK，结束于 SBLOCKE，中间为编程人员书写指令区。如果同一个 BLOCK 中包含多个发送脉冲指令（其他指令也适用），那么脉冲指令将按照触发条件成立的先后顺序依次执行；同时，先执行的脉冲指令结束后才开始下一条脉冲指令的执行。

一个完整的 BLOCK 结构如图 3-34 所示。

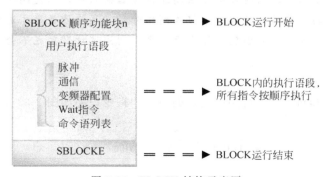

图 3-34　BLOCK 结构示意图

(1) BLOCK 的使用

在一个程序文件中，至多可以调用 100 个 BLOCK 程序块。BLOCK 的调用方法为面板配置法,以下为 BLOCK 配置的具体操作。

① BLOCK 功能块的添加。

打开 XCPPro 软件,在左侧的"工程"栏中找到"顺序功能块",右击它,将会出现"添加顺序功能块"命令,如图 3-35 所示。

图 3-35 添加顺序功能块

单击该命令,弹出 BLOCK 设置界面,如图 3-36 所示。在这个界面内可以添加脉冲指令、通信指令、命令语指令等。

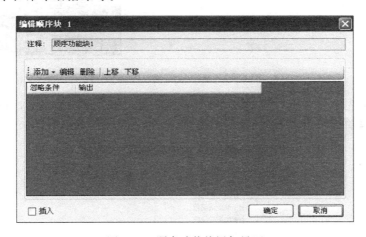

图 3-36 顺序功能块添加界面

例如,在上面的 BLOCK 中添加一个"脉冲配置"(添加-脉冲配置),对其设置,如图 3-37 所示。

图 3-37 顺序功能块脉冲项配置

单击"确定"按钮，梯形图界面中将会出现指令段，如图 3-38 所示。

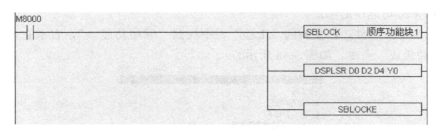

图 3-38　顺序功能块梯形图显示

② BLOCK 功能块的转移。

如果想要将已经建立好的 BLOCK 转移到其他地方时，必须先删除原 BLOCK 程序块（需要全部选中才能够删除），选中操作如图 3-39 所示。

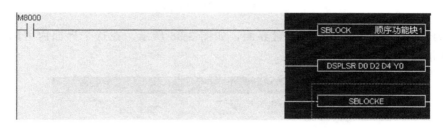

图 3-39　顺序功能块完全选中

然后将光标先定位在所需调用的地方，然后右击已建立的 BLOCK，在弹出的菜单中选择"添加到当前梯形图节点"，如图 3-40 所示。

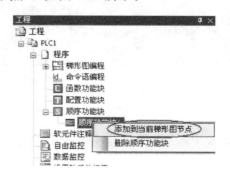

图 3-40　顺序功能块添加到梯形图节点

③ BLOCK 功能块的删除。

如果只是删除在程序中调用的 BLOCK 程序块，可采用选中 BLOCK 区域后再 Del 键的方法（同 BLOCK 转移操作的前半部分）。

如果是要彻底删除某一功能块，则只要右击该功能块，选择"删除顺序功能块"命令即可，如图 3-41 所示。删除之后，将无法再调用，只能重新添加。

在处理某些程序的时候，适当地加入 BLOCK 指令，会使得整个程序更加清晰与稳定。

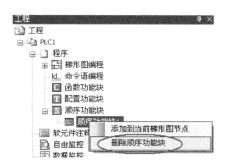

图 3-41　顺序功能块删除

（2）BLOCK 功能的程序举例

案例：共有四台信捷 XC3 的 PLC，现在需要当第一台 PLC 的 Y0 端口有输出的时候，第二台的 Y1 端口有输出，第三台的 Y2 端口有输出，第四台的 Y3 端口有输出；若 Y0 停止输出，则其他端口皆无输出。

分析：四台 PLC 之间通过 485 接口连接，如果用定时器来将每条通信指令发送时间隔开，则需要编写相关分时段指令，如果采用流程图来编写程序，则不能在同一流程内对同一串口（通信口 2）有多个输出，因而最少需要三个流程；而且对于同一串口由于各流程之间不能同时导通，则只能采用上升沿驱动第一流程。这样当出现某一台通信不成功的时候，无法立即恢复，这样的情况下，使用 BLOCK 则可以很好地解决这些问题。

本案例的程序设计如图 3-42 所示。

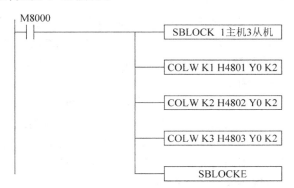

图 3-42　本案例的程序设计图

这样，即便出现通信错误，在下一个扫描周期也能够恢复过来。

三、任务分析

1. 工作原理

根据任务要求，每运行一段距离就切换速度，难点就在于如何知道工作台运行了多远。异步电动机本身是不可以定位的，因此需要编码器将电动机旋转的角度以脉冲的形式反馈给 PLC，而 PLC 则需要将编码器脉冲记下来，当发现到达变速位置时，PLC 立即发送变速命令。

系统工作原理框图如图 3-43 所示。

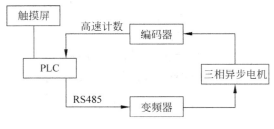

图 3-43　系统工作原理框图

2. 设计思路

由图 3-43 所示的系统工作原理框图可知，编码器在其中发挥着重要作用，它不仅能反馈电动机的位置信号，同时也可以反馈电动机的实际速度。

PLC 如何采集编码器反馈的脉冲数是关键。因为编码器反馈的脉冲信号速度很快，而普通的计数器计数时受 PLC 扫描周期的影响，测量的信号频率不超过 25Hz，所以不能用普通计数器对其进行计数，而需要用到高速计数功能，该功能不受扫描周期影响，每秒最多可测 80K 个脉冲。并且，由于编码器的输出信号是 AB 相脉冲，故选择的高速计数器也应该是可以接受 AB 脉冲的高速计数器，如 C630。

其次，要显示电动机的实际转速，就需要知道编码器发出脉冲的速度，可以固定周期地对高速计数器计得的脉冲个数进行采样，然后计算出接收到的脉冲的频率，但程序稍微繁琐。可利用 PLC 自带的测频功能，直接将编码器一相的信号接至测频端子，运用测频指令，即可完成脉冲频率的测量。

最后，任务要求用通信的方式去控制变频器的频率和运行，而 RS485 属于半双工通信，也就是同一时间既不允许发送两条命令，也不允许同一时间既接收又发送，所以在写通信指令时，需要将同一串口下的两条通信指令在时间上分开来。方法有多种，最容易想到的是用定时器使两条指令不同时发送。然而，信捷编程软件提供了 BLOCK 功能块，用此程序结构可以很方便地解决这一通信问题。

另外，任务要求显示设备的运行状态，除了可以用指示灯显示外，还可以用触摸屏的动态字符串来显示，不仅占用空间小，而且可以随着设备状态而动态变化。

综上，总结对任务中的一些难点的解决方案见表 3-7。

表 3-7　任务难点以及解决方案总结表

任 务 难 点	解 决 方 案
如何采集编码器反馈的脉冲个数	采用 PLC 的高数计数功能
如何显示电动机的实时转速	采用 PLC 的测频功能
如何很好地解决通信问题	将通信程序写在 BLOCK 功能块里
如何显示设备状态	动态文字串

3. 产品选型

(1) PLC 选型

根据任务要求,所选 PLC 需要支持 RS485 通信、高速计数功能以及扩展功能,故选择信捷 XC3 系列标准型 PLC。因其使用触摸屏作为上位机,故对输入点数不做要求,综上选择信捷 XC3-24RT-E。

(2) 触摸屏选型

触摸屏选择常用的 TH765-N。

(3) 变频器选型

设备上异步电动机功率为 25W,选择信捷 VB5N-20P7 变频器。

(4) 编码器选型

① 编码器选型时,应考虑编码器精度,假设转角要求精度为 0.1°,则编码器至少应选择 900 线以上。本项目要求精确到 0.1mm,而丝杠丝距是 5mm,即编码器的线数至少是 50 线,一般的编码器均可达到要求。

② 应根据实际电动机轴径选择适应的编码器。本项目编码器是装在丝杠尾部,而丝杠尾部直径为 8mm,所以根据安装方式选择轴径为 8mm 的空心编码器。

③ 由于信捷 PLC 自带 DC 24V 电源输出,故选供电电源为 24V 的编码器比较方便。

④ 由于信捷 PLC 输入端接收的是集电极开路输出信号,故编码器的输出方式要选择 OC 输出,即集电极开路输出。

⑤ 另外,根据具体安装,选择合适的编码器外径以及引出信号线的长度,最后根据是否要记忆当前位置,选择增量型编码器还是绝对型编码器。本项目选用的是增量编码器。

综上本任务根据实际需要最后选择的是 A-ZKX-6A-100BM-G24C-3m 型号的编码器。

4. 参数设置

变频器参数设置见表 3-8。

表 3-8 变频器参数配置

参数名称	设 定 值	说　　　明
P0.01	4	设定频率的控制方式为通信给定
P0.03	2	设定运行命令由通信给定
P0.17	0.1	由于负载较小,为方便观察效果,将加速时间设置最小
P0.18	0.1	由于负载较小,为方便观察效果,将减速时间设置最小

由于是信捷产品之间的通信,故相关通信参数在没被修改的前提下可以不用设定,直接默认出厂设置即可。若已被修改,可以先恢复出厂(PLC 串口恢复出厂方式,单击"PLC 操作"-"上电停止 PLC",然后将 PLC 断电,等级 3 秒后再重启;变频器恢复出厂方式,将 P3.01 改成 10),或者更改其中任意一方,使双方(PLC 与变频器)保持一致。

5. I/O 分配

PLC 和触摸屏的 I/O 分配见表 3-9。

表 3-9 PLC 和触摸屏的 I/O 分配表

功　能	软元件编号
编码器 A 相	X0
编码器 B 相/测频	X1
启动按钮	X2、M1
停止按钮	X3、M3
复位按钮	X4、M3
左限位	X5
原点	X6
右限位	X7
测频端子	X12
RS485＋	A
RS485－	B

6. 系统接线

异步电动机闭环定位换速系统接线图如图 3-44 所示。

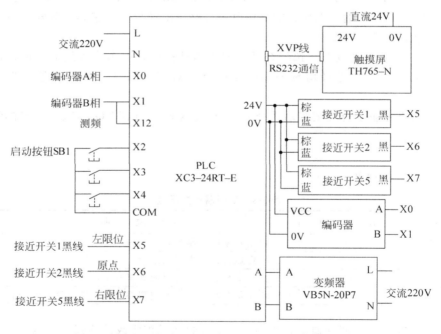

图 3-44 异步电动机闭环定位换速系统接线图

7. 系统软件设计流程

软件设计流程图如图 3-45 所示。

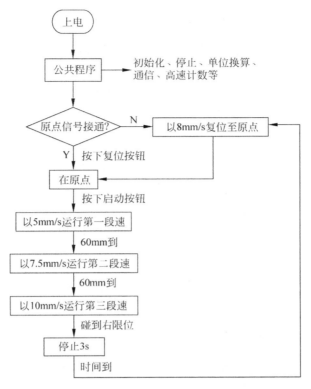

图 3-45 软件设计流程图

四、任务实施

1. 硬件接线

按图 3-44 所示的连接系统控制线路,检查无误后上电。

2. 编写 PLC 程序

根据控制要求,以及设计的软件流程图,将 PLC 梯形图的框架构建好,如图 3-46 所示。

依次单击打开"田",填补相应程序。填补前可先算好不同段速下对应的变频器频率是多少。

(1)上电初始化

上电初始化程序如图 3-47 所示。

(2)不在原点复位

若工作台不在原点则按下复位按钮复位的程序如图 3-48 所示。

(3)在原点启动

在原点启动的程序如图 3-49 所示。

图 3-46 PLC 梯形图框架

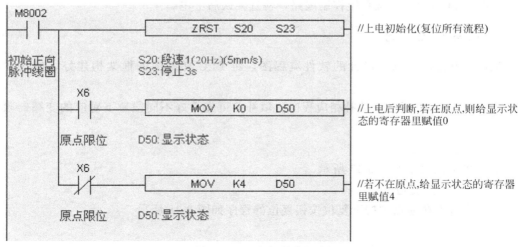

图 3-47 上电初始化程序

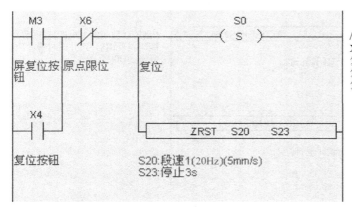

图 3-48　不在原点复位程序

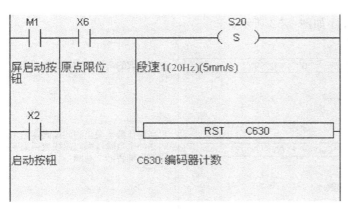

图 3-49　在原点启动程序

（4）停止

按下停止按钮相关程序如图 3-50 所示。

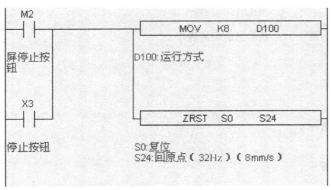

图 3-50　停止程序

（5）编码器计数

编码器计数程序如图 3-51 所示。

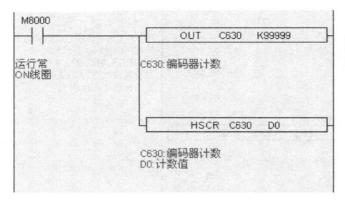

图 3-51　编码器计数程序

（6）当前距离

触摸屏显示当前距离的程序如图 3-52 所示。

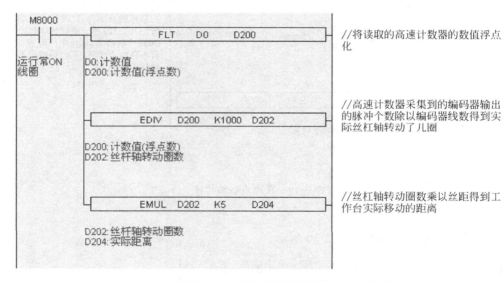

图 3-52　显示当前距离程序

（7）测速

测速相关程序如图 3-53 所示。

（8）变频器通信

变频器通信程序如图 3-54 所示。

（9）复位流程

复位流程内程序如图 3-55 所示。

（10）段速 1 流程

段速 1 流程内程序如图 3-56 所示。

（11）段速 2 流程

段速 2 流程内程序如图 3-57 所示。

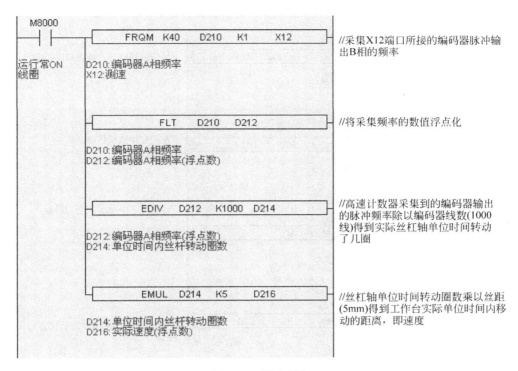

图 3-53 测速程序

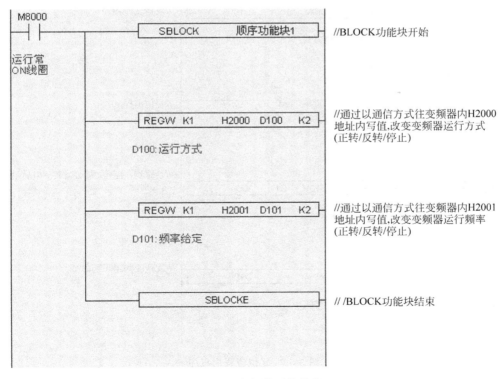

图 3-54 变频器通信程序

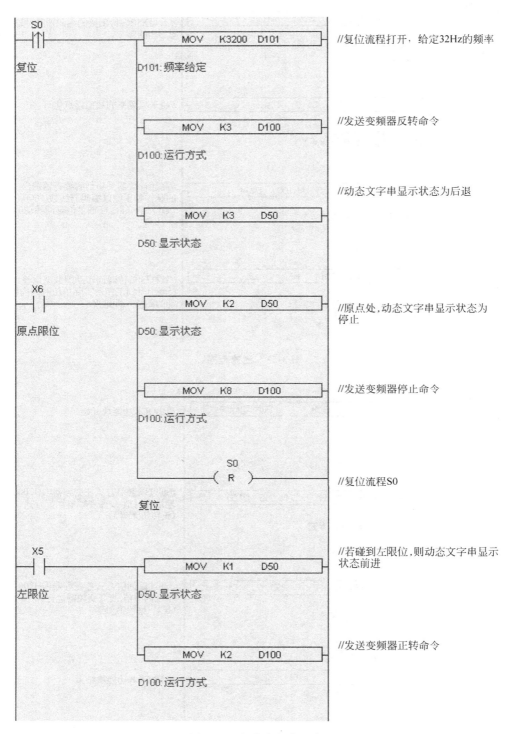

图 3-55 复位流程内程序

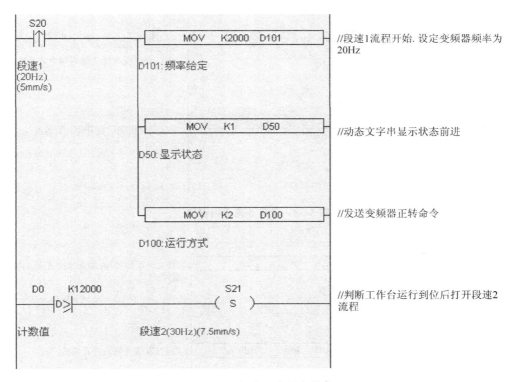

图 3-56 段速 1 流程内程序

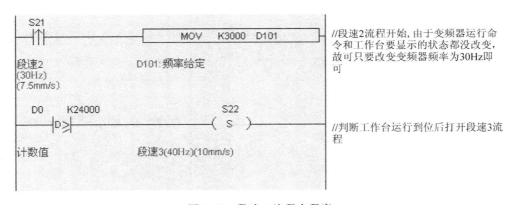

图 3-57 段速 2 流程内程序

(12) 段速 3 流程

段速 3 流程内程序如图 3-58 所示。

(13) 停止流程

停止流程内程序如图 3-59 所示。

单击 XCPPro 软件的常规工具栏的 " " 图标,将 PLC 程序下载至 PLC。

3. PLC 串口设置

单击 XCPPro 软件内的 "PLC 设置" → "PLC 串口设置" 命令,选择 "串口 2",如

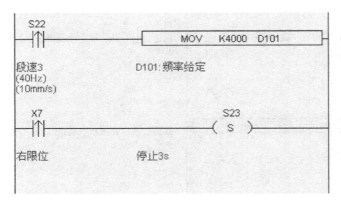

图 3-58　段速 3 流程内程序

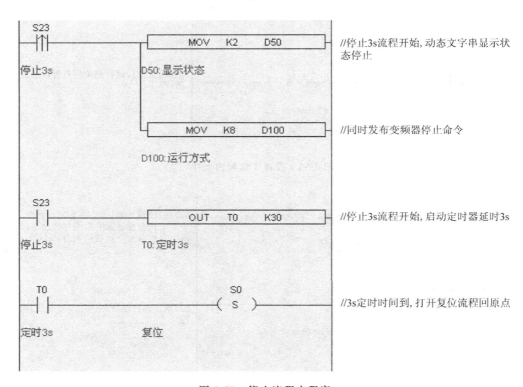

图 3-59　停止流程内程序

图 3-60 所示。单击"读取 PLC"按钮，查看是否与变频器参数（P3.09 和 P3.10）设置一致，若与变频器不一致，将该页面参数设置的与变频器相关参数一致即可。参数填好后单击"写入 PLC"按钮，完成后断电重启，配置生效。

4．编写触摸屏程序

使用信捷 Touchwin 软件设计触摸屏的程序，新建工程，显示器选择 TH765，PLC 口选择信捷 XC 系列 PLC。

根据控制要求，在 Touchuwin 编程界面放置动态文字串" "，用来显示设备当前

图 3-60　串口 2 参数

状态,将动态文字串的"对象类型"设置成 D50,如图 3-61 所示。

图 3-61　为动态文字串设置对象

"显示"选项卡按表 3-10 给文字串 0、1、2……设置相应的文字,动态文字串设置如图 3-62 所示。

表 3-10　动态文字串与文字对应表

内　　容	文　　字
文字串 0	在原点
文字串 1	前进
文字串 2	停止
文字串 3	后退
文字串 4	不在原点

图 3-62 动态文字串设置

触摸屏编程界面上放置两个数据显示"999",分别添加文字串标注为当前速度和当前位置;并设置对象类型为 D216(DWord)和 D204(DWord),都设置成浮点型。D216 和 D204 的显示设置如图 3-63 所示。设置完成后单击"确定"按钮后退出。

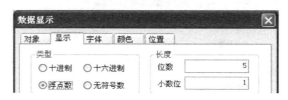

图 3-63 D216 和 D204 的显示设置

连接好通信电缆,单击触摸屏编程工具工具栏上的" "图标,将触摸屏程序下载至触摸屏。

5. 变频器参数设置

根据表 3-8 修改变频器相关参数,另外 P3.09 和 P3.10 参数与 PLC 串口 2 参数保持一致。P3.10 参数默认(站号为 1)即可。

6. 系统调试

① 上电,观察工作台是否处于原点位置,若不是,按下复位按钮,观察工作台是否向原点的方向运行。若不是,将系统断电,将三相异步电动机的引出线 U、V、W 中任意两相从变频器上拆下来,交换后再接上去,然后重新上电。

② 按照控制要求测试系统是否按照任务运行,并且触摸屏显示正确;若不是,检查修改程序,直至达到任务要求。

③ 任意无规则地按下控制按钮,观察系统是否仍正常运行;若不是,修改 PLC 程序,直至系统无漏洞。

五、知识拓展

（一）变频器驱动电动机多段速运行

变频器驱动电动机多段速运行指的是通过选择一些功能的端子 ON/OFF（开/关）组合，最多可设置 7 段速的运行频率，同时选择对应的加减速时间控制。

表 3-11 为多段速运行选择表。

表 3-11　多段速运行选择表

K_3	K_2	K_1	频率设定	加减速时间
OFF	OFF	OFF	普通运行频率	加减速时间 1
OFF	OFF	ON	多段频率 1	加减速时间 1
OFF	ON	OFF	多段频率 2	加减速时间 2
OFF	ON	ON	多段频率 3	加减速时间 3
ON	OFF	OFF	多段频率 4	加减速时间 4
ON	OFF	ON	多段频率 5	加减速时间 5
ON	ON	OFF	多段频率 6	加减速时间 6
ON	ON	ON	多段频率 7	加减速时间 7

在使用多段速运行和简易 PLC 运行中可以用到以上多段速频率，下面以多段速运行为例进行说明。

对控制端子 X1、X2、X3 分别作如下定义：P4.00＝1，P4.01＝2，P4.03＝3，X1、X2、X3 用于实现多段速运行，如图 3-64 所示。

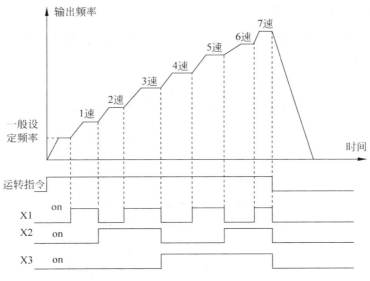

图 3-64　多段速运行示意图

以端子运行命令通道为例，SB7、SB8 可以进行正向、反向运转控制。图 3-65 中通过控制 SB1、SB2、SB3 的不同逻辑组合，可以按表 3-11 选择按一般设定频率运行或 1～7 段多段频率进行多段速运行。

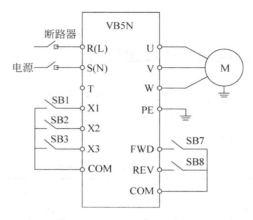

图 3-65　多段速运行接线图

（二）自由格式通信

所谓自由格式，即自定义协议通信。现在市场上很多智能设备都支持 RS232 或者 RS485 通信，而各厂家产品所使用的协议不尽相同。例如：信捷 PLC 使用标准的 Modbus-RTU 协议，一些温度控制器厂家使用自定义协议。如果用信捷 PLC 和温度控制器通信，读取温度控制器采集的当前温度，则需使用自由格式通信，完全按照仪表厂家的协议来发送数据，只有这样才可以实现 PLC 与仪表的通信。

自由格式通信指令包括发送数据和接收数据两条，下面介绍这两条指令的用法。

1. A 发送数据 ［SEND］

发送数据指令是指将本机内指定的数据写到指定局号指定地址的指令。SEND 指令说明如图 3-66 所示。

图 3-66　发送数据指令使用说明

发送数据指令操作数的含义见表 3-12。

表 3-12　发送数据指令操作数含义

操作数	作用
S1	指定本地发送数据的首地址编号
S2	指定发送字符个数的数据或软元件地址编号
n	指定通信口编号

M0 的一次上升沿发送一次数据，发送字符的个数由 D100 的值决定，发送数据时序图如图 3-67 所示。在数据发送过程中"正在发送"标志位 M8132（通信口 2）置 ON。

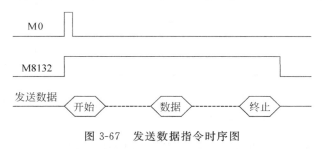

图 3-67　发送数据指令时序图

2. B 接收数据 [RCV]

接收数据指令是指将指定局号的数据写到本机内指定地址的指令。RCV 指令说明如图 3-68 所示。

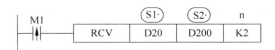

图 3-68　接收数据指令使用说明

其中操作数的含义见表 3-13。

表 3-13　接收数据指令操作数含义

操 作 数	作 用
S1	指定本地接收数据的首地址编号
S2	指定接收字符个数的数据或软元件地址编号
n	指定通信口编号

M0 的一次上升沿接收一次数据，接收字符的个数由 D200 的值决定，时序图如图 3-69 所示。在数据接收过程中"正在接收"标志位 M8134（通信口 2）置 ON。

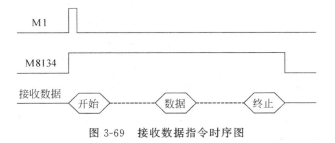

图 3-69　接收数据指令时序图

3. 自由格式通信举例

例：信捷 PLC 与温控仪表通信，而仪表使用自己的通信协议，协议规定读取温度需发送":""R""T""CR"四个字符，通信各字符含义见表 3-14。

表 3-14 通信字符含义

字　　符	含　　义
:	数据开始
R	读功能
T	温度
CR	回车，数据结束

PLC 需要将上述字符的 ASCII 码发送到仪表，才能读取到仪表测得的当前温度值。通过查询 ASCII 码表可得到各字符的 ASCII 码值（十六进制），对应关系见表 3-15。

表 3-15 通信字符对应的 ASCII 码值

字　　符	对应 ASCII 码值
:	3A
R	52
T	54
CR	0D

操作步骤：

① 先将硬件线路连接好。

② 按照温控仪表的通信参数将 PLC 的串口参数设定好（假设仪表的波特率为 9600，数据位为 7，停止位为 1，校验为无），则按照图 3-70 设定。

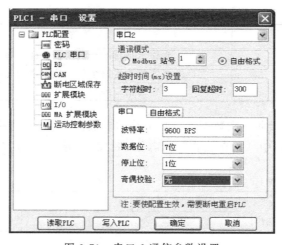

图 3-70 串口 2 通信参数设置

注意：需要将通信模式改成"自由格式"，参数设置好后重新上电才能生效。

③ 按照描述的协议编写程序，如图 3-71 所示。

读取温度需发送：":" "R" "T" "CR"。

":" ——数据开始；

"R" ——读功能；

"T" ——温度；

"CR" ——回车，数据结束。

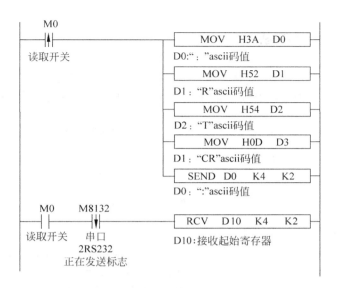

图 3-71　自由格式通信程序样例

④ 硬件接线。

接线方式有如下两种，若双方设备都有 RS232 和 RS485，则都可以使用。

第一种方式：232 连接方式，如图 3-72 所示。

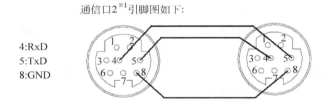

图 3-72　232 连接方式

第二种方式：485 连接方式，如图 3-73 所示。

图 3-73　485 连接方式

A 接 A，B 接 B，如果是一个主站多个从站，只需将所有的 A 相连，所有的 B 相连。A 为 485＋、B 为 485－。

注意：RS232 通信距离短（大约 13m 且和现场环境密切相关），如需远距离通信请选用 RS485 通信方式。

试想一下，PLC 与变频器按自由格式通信，应如何实现呢？

提示：PLC 与变频器通信，变频器作为从机，只管接收一连串有含义的字符，而不管主机是如何发送这一串字符的，所以对于变频器来说，Modbus 格式和自由格式通信是一样的。正因为如此，PLC 以自由格式发送时，也需要按照 Modbus-RTU 的协议去发送。

(三) 高速计数中断

对于 XC 系列 PLC，部分高速计数器拥有 24 段 32 位的预置值，当高速计数差值等于相应 24 段预置值时，则根据其对应的中断标记产生中断。指令说明如图 3-74 所示。

图 3-74　高速计数中断指令说明

图 3-74 所对应指令形式如下：

```
LD    M0                         //高速计数触发条件 M0(同时也是中断计数条件)
OUT C600    K20000    D4000      //高速计数值及 24 段首地址设定
LDP   M1                         //高速计数复位触发条件
RST   C600                       //高速计数及 24 段复位(同时也对中断复位)
```

如上述所示，数据寄存器 D4000 为 24 段预置值设置区域起始地址，而后依次以双字形式存放 24 段预置值的每个设定值。使用高速计数中断应注意：

① 当某段预置值为 0，表示计数中断到该段结束。

② 不允许出现设定了中断预置值而未编写相应中断程序的情况，否则将会出错。

③ 高速计数的 24 段中断为依次产生，也就是说，倘若第一段中断未产生，则第二段中断也不会产生。

④ 24 段预置值内的设定值既可指定相对值还可以指定为绝对值，同时可以指定是否为循环模式，当指定为循环模式时不能与绝对值同时使用。详细内容请参考特殊线圈 M8190～M8209、M8270～M8287。

通过下面的例子来了解一下高速计数中断的用法。

例 1：在本例所示应用中，当 M0 置 ON 时，使得计数器 C630 打开等待计数，当相应输入端子接收的脉冲达到 D4000 所存储的数值时，产生第一段中断，达到 D4002 所存储的预置值时，产生第二段中断（如 C630 产生的 24 段中断标志为 I2501～I2524，其他计数器的中段标志可参考信捷用户手册）；而当 M1 上升沿来临时，将计数器 C630 清零。高速计数中断举例程序图 3-75 所示。

指令形式：

```
LD    M8000                      //M8000 为常 ON 线圈
DMOV  K10000   D4000             //将第一段预置值 D4000 设为 10000
DMOV  K-10000  D4002             //将第二段预置值 D4002 设为 -10000
DMOV  K0       D4004             //将不用的预置值赋 0,以避免产生第三段中断
LD    M0                         //高速计数触发条件 M0
OUT   C630     K200000  D4000    //高速计数中断指令
LDP   M1                         //高速计数复位条件 M1
RST   C630                       //高速计数以及 24 段复位
```

```
FEND                          //主程序结束
I2501                         //第一段中断标记
LD    M8000                   //M8000 为常 ON 线圈
INC   D0                      //D0 内数值加 1
IRET                          //中断返回标记
I2502                         //第二段中断标记
LD    M8000                   //M8000 为运行常 ON 线圈
INC   D1                      //D1 内数值加 1
IRET                          //中断返回标记
```

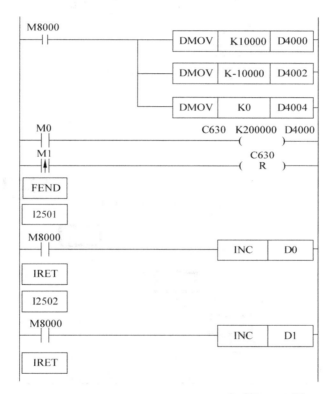

图 3-75　高速计数中断举例程序

例 2：横编机系统，通过可编程控制器 PLC 控制变频器相关端子，从而达到有效控制电动机的目的；同时经过编码器的反馈信号，对横编机进行有效的控制，即进行精确定位，同时通过观察高速计数器数值来测试 24 段预置值中断的精确度。横编机控制框图如图 3-76 所示。

横编机执行时序图如图 3-77 所示。

以下为 PLC 程序，其中，Y2 表示正转输出信号；Y3 表示反转输出信号；Y4 表示段速 1 输出信号；C340 为来回次数累计计数器；C630 为 AB 相高速计数器。横编机控制程序梯形图如图 3-78 所示。

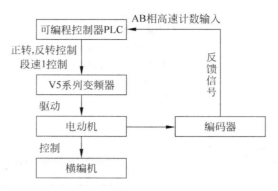

图 3-76 横编机控制框图

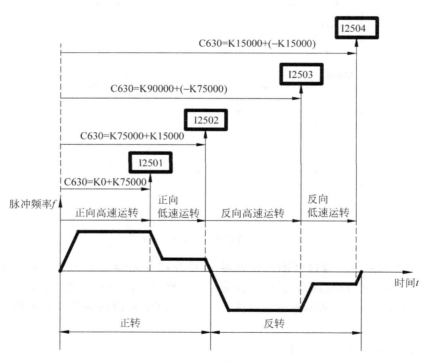

图 3-77 横编机执行时序图

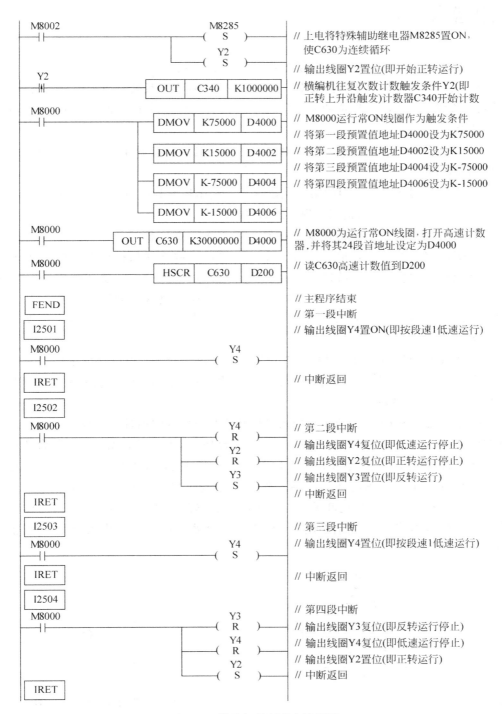

图 3-78 横编机控制程序梯形图

思考与练习三

3-1 试用自由格式通信控制变频器完成本项目的控制要求。

3-2 试用模拟量设置变频器频率，以端子控制变频器正反转完成本项目的控制要求。

3-3 若要求三段以及复位的速度可以在触摸屏上直接设定，单位为 mm/s，则程序应如何修改？

3-4 若将前两段每 60mm 处切换速度，改成碰到一次接近开关则切换一个速度，程序又应如何修改？

3-5 若将项目控制要求中的第④点改成：一次循环回到原点后，自动开始下一次循环，而不需要等待按下启动按钮，程序该如何修改？

3-6 本项目中，改变运行速度的触发条件是用触点比较指令，当高速计数器的值超过比较值时就切换速度，但是，由于高速计数器计数不受扫描周期影响，而触点指令当程序扫描时才会执行，所以，当程序执行该比较指令时，高速计数器内的值往往已经超过比较值，这就会造成速度切换的滞后。如何解决这个问题呢？由于中断是不受扫描周期影响的，而信捷 PLC 提供了高速计数中断功能，所示试用高速计数中断完成此任务。

3-7 当工作台回原点时，碰到接近开关就发布停止命令，但是会由于惯性向前滑过一段距离后才会停下来，即每次返回原点时会发现 C630 里面的值已经变为负数，思考一下，如何解决这个问题？

3-8 如设备结构图 3-79 所示，由于接近开关在一段区间内都可以检测到信号，即可以理解为是一个线开关，而非点开关，并且工作台是一个长方体，所以当工作台从左侧回原点，和从右侧回原点时，会存在原点位置不绝对的问题，如图所示。在工作台上标记一个绝对位置，即小红旗的地方，则工作台从原点左侧回原点和从原点右侧回原点，停止的地方会相差 e（e＝接近开关的检测距离＋工作台长度）这样一段距离，如何解决这个问题，使得不管从哪一侧回原点，都让工作台处于接近开关中央位置？如图 3-80 所示。

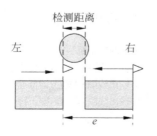

图 3-79 题 3-8 的设备结构图

图 3-80 工作台与接近开关位置

3-9 现要求增加两种模式，项目三的任务要求作为自动模式，再增加单步模式和手动模式，要求如下：

① 单步模式下要求按下启动按钮以段速一运行到 60mm 后停止，再次按下启动按钮，才以段速二运行 60mm 后停止，第三次按下启动按钮，以段速三运行至右限位后停止，第四次按下启动按钮以复位速度返回至原点处停止；

② 手动模式下，增加前进和后退两个按钮，可以点动前进和后退；

③ 当工作台处于原点时，三个模式可以任意切换，工作台不处于原点时，自动模式和单步模式不可以切换，只能切换到手动模式。

项目四

机器视觉控制系统

一、任务提出

设备实物图如图 4-1 所示,检测平台上装有相机、环形光源和白色背光。检测对象是垫片,如图 4-2 所示。

图 4-1　设备实物图　　　　　　　　图 4-2　检测对象

具体检测要求如下:

将此垫片放在相机视野范围内的任何位置,触摸屏上显示此垫片的实时图像,并显示测得的内圆半径、外圆半径以及环宽,精确到 0.1mm,误差范围在 0.2mm 以内。

触摸屏编辑界面如图 4-3 所示。

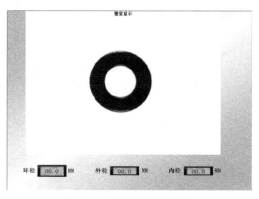

图 4-3　触摸屏编辑界面

二、相关知识

（一）机器视觉的工作原理

机器视觉就是用机器来代替人眼对事物做测量、定位和判断。机器视觉系统能够通过摄像头将要处理的目标转换为图像信号，通过一定的方式传递给图像处理系统，图像处理系统根据图片上像素的分布、大小、灰度和亮度等信息将其转化为数字信号，图像系统再根据这些数字信号进行处理运算，来获得被测事物的特征属性，从而根据判断结果来对外部机械部分发出信号，进而对检测事物做相应的处理。

下面将从硬件和软件两方面介绍信捷机器视觉的简单使用方法。

（二）机器视觉硬件部分

一般机器视觉的系统结构如图 4-4 所示。

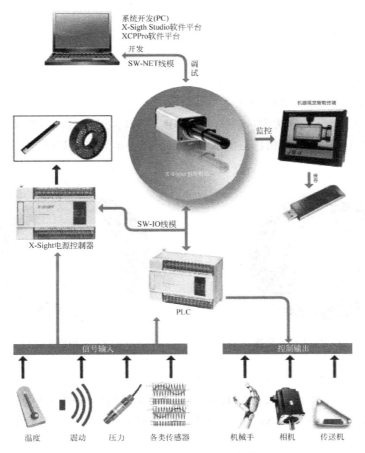

图 4-4　一般机器视觉系统结构图

一套视觉系统包括：智能相机、镜头、光源、光源控制器（各1个）、视觉电缆（2根）和智能终端（1个）。

1. 智能相机

机器视觉系统的相机为智能化一体相机，通过内含的 CCD 传感器采集高质量现场图像，内嵌数字图像处理（DSP）芯片，能脱离 PC 机对图像进行运算处理，PLC 在接收到相机的图像处理结果后，进行动作输出。SV4 系列相机命名规则如图 4-5 所示。

图 4-5　SV4 系列相机命名规则

（1）系列名称

SV3，SV4。

（2）像素（W）

30，120，500。

（3）色彩模式

M（黑白），C（彩色）。

各型号相机宽高比：

◇ 30 万像素＝640×480（宽×高）；

◇ 120 万像素＝1280×960（宽×高）；

◇ 500 万像素＝2560×1920（宽×高）。

相机有两个接口，分别为 RJ45 网口与 DB15 串口。连接时，用交叉网线连接相机与计算机，用 SW-IO 线缆连接相机与电源控制器。图 4-6 为 SW-IO 线缆实物图，图 4-7 为网线实物图。

图 4-6　SW-IO 线缆实物图　　　　　　　图 4-7　网线实物图

相机支持的通信方式包括：RS-485，100M 以太网。

相机通过 RS-485 串口可以与所有支持 Modbus 通信协议的 RS-485 设备通信，通过 100M 以太网可以与所有支持 Modbus-TCP 通信协议的 100M 以太网设备通信。

2. 光源控制器

SIC-242 型电源控制器，是全新研发的一种视觉系统专用电源控制模块，内置两路可控光源输出，两路相机触发端，以及五路相机数据输出端，A、B 端子为 RS-485 通信端口，两路光源手动调节开关，预留 7 路站号选择。光源控制器外观各部件说明如图 4-8 所示。

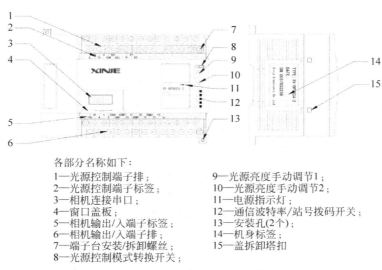

各部分名称如下：
1—光源控制端子排；
2—光源控制端子标签；
3—相机连接串口；
4—窗口盖板；
5—相机输出/入端子标签；
6—相机输出/入端子排；
7—端子台安装/拆卸螺丝；
8—光源控制模式转换开关；
9—光源亮度手动调节1；
10—光源亮度手动调节2；
11—电源指示灯；
12—通信波特率/站号拨码开关；
13—安装孔(2个)；
14—机身标签；
15—盖拆卸塔扣

图 4-8 光源控制器外观各部件说明

表 4-1 为光源控制器各部分端子说明。

表 4-1 光源控制器各部分端子说明

光源控制端子说明	
L　N　FG	L、N、FG 接 220V 交流电源，FG 接地
COM　VX1　VX2	VX1、VX2 为外部触发端，COM 为公共端，开关电平为直流 24V，输入信号形式为接点输入或 NPN 型集电极开路输出，触发时切断对应通道光源的输出
V+　V1-　V2-	光源接口：两路电流型输出，正极共用 V+，负极接 V1-、V2-
相机输出端子说明	
24V　0V	24V、0V 需外接电源输入，给相机的输入输出点供电
A　B	A、B 为相机 RS-485 通信口
CAN+　CAN-	CAN+、CAN- 为 CAN 总线通信口
COM0　X0　X1	COM0、X0、X1 为相机的输入端子，开关电平为直流 24V，输入信号形式为接点输入，输入 NPN 型集电极开路输出

续表

相机输出端子说明	
COM1 Y0 Y1	COM1 和 Y0、Y1 为相机的第一段输出端子，为 NPN 型集电极开路输出
COM2 Y3 Y2 Y4	COM2 和 Y2~Y4 为相机的第二段输出端子，为 NPN 型集电极开路输出
光源的控制	
使用手动调节亮度	将光源控制模式转换开关的右端两个针短接，即为 ON 模式，此时光源亮度由旋钮来设置，上下两个旋钮分别控制第一路和第二路光源
使用通信调节亮度	将光源控制模式转换开关的左端两个针短接，即为 OFF 模式，此时由通信设置光源亮度

	通信协议	Modbus 通信协议	波特率	38400/57600/115200 可选
			数据位	8 位
			校验	无校验
			停止位	1 位
			站号	01~07 可选

拨码开关参照表		S1	S2	S3
站号	01	0	0	1
	02	0	1	0
	03	0	1	1
	04	1	0	0
	05	1	0	1
	06	1	1	0
	07	1	1	1
		S4		S5
波特率(bps)	38400	0		0
	57600	0		1
	115200	1		0

注意：光源控制器上的 A、B，以及 X、Y 口其实都是相机的通信口以及输入输出口，只是相机上没有输出端子，相当于借用了光源控制的端子而已，而光源控制器本身的重要功能就是给光源供电，并调节其亮度。

3. 镜头

镜头是机器视觉系统中的重要组件，对成像质量有着关键性的作用。它对成像质量的几个最主要指标都有影响，包括分辨率、对比度、景深及各种像差。可以说，镜头在机器视觉系统中起到了关键性的作用。

工业镜头的选择一定要慎重，因为镜头的分辨率直接影响到成像的质量。选购镜头首先要了解镜头的相关参数，即分辨率、焦距、光圈大小、明锐度、景深、有效像场、接口形式等。表 4-2 为六种比较典型的工业镜头。

表 4-2　六种比较典型的工业镜头

镜头规格	百万像素（Megapixel）低畸变镜头	微距（Macro）镜头	广角（Wide-angle）镜头
镜头照片			
特点及应用	工业镜头里最普通的一种，种类最齐全，图像畸变也较小，价格比较低，所以应用也最为广泛，几乎适用于任何工业场合	一般是指成像比例为 2∶1～1∶4 范围内的特殊设计的镜头。在对图像质量要求不是很高的情况下，一般可采用在镜头和摄像机之间加近摄接圈的方式或在镜头前加近拍镜的方式达到放大成像的效果	镜头焦距很短，视角较宽，而景深却很深，图形有畸变，介于鱼眼镜头与普通镜头之间。主要用于对检测视角要求较宽、对图形畸变要求较低的检测场合
镜头规格	鱼眼（Fisheye）镜头	远心（Telecentric）镜头	显微（Micro）镜头
镜头照片			
特点及应用	鱼眼镜头的焦距范围在 6～16mm（标准镜头是 50 mm 左右）。鱼眼镜头具有跟鱼眼相似的形状与鱼眼相似的作用，视场角等于或大于 180°，有的甚至可达 230°，图像有桶形畸变，界面景深特别大，可用于管道或容器的内部检测	主要是为纠正传统镜头的视差而特殊设计的镜头，它可以在一定的物距范围内，使得到的图像放大倍率不会随物距的变化而变化，这对被测物不在同一物面上的情况是非常重要的应用	一般是指成像比例大于 10∶1 的拍摄系统所用，但由于现在的摄像机的像元尺寸已经做到 3μm 以内，所以一般成像比例大于 2∶1 时也会选用显微镜头

镜头的分类见表 4-3。

镜头的调节方法如图 4-9 所示。

表 4-3　镜头的分类

按焦距分类	按分辨率分类
4mm	100 万
6mm	200 万
⋮	⋮
55mm	500 万
60mm	1000 万

焦距：调节图像的清晰度
光圈：调节图像的亮暗

图 4-9　镜头的调节方法

4. 光源

设计一套机器视觉系统时，优先选择光源，相似颜色（或色系）混合变亮，相反颜色混合变暗。如果采用单色 LED 照明，使用滤光片隔绝环境干扰，采用几何学原理来考虑样品、光源和相机位置，考虑光源形状和颜色以加强测量物体和背景的对比度。

表 4-4 为常见的机器视觉专用光源。

表 4-4 常见机器视觉专用光源

光源照片		类型特点	应用领域
	环形光源	环形光源提供不同照射角度、不同颜色组合，更能突出物体的三维信息；高密度 LED 阵列，高亮度多种紧凑设计，节省安装空间，解决对角照射阴影问题；可选配漫射板导光，光线均匀扩散	PCB 基板检测 IC 元件检测 显微镜照明 液晶校正 塑胶容器检测 集成电路印字检查
	背光源	用高密度 LED 阵列面提供高强度背光照明，能突出物体的外形轮廓特征，尤其适合作为显微镜的载物台。红白两用背光源，红蓝多用背光源，能调配出不同颜色，满足不同被测物的多色要求	机械零件尺寸的测量，电子元件、IC 的外形检测，胶片污点检测，透明物体划痕检测等
	同轴光源	同轴光源可以消除物体表面不平整引起的阴影，从而减少干扰部分采用分光镜设计，减少光损失，提高成像清晰度	此种光源最适宜用于反射度极高的物体，如金属、玻璃、胶片、晶片等表面的划伤检测，芯片和硅晶片的破损检测 Mark 点定位 包装条码识别
	条形光	条形光源是较大的方形结构，是被测物的首选光源，颜色可根据需求搭配，自由组合照射角度与安装随意可调	金属表面检查 图像扫描 表面裂缝检测 LCD 面板检测等
	线形光源	超高亮度 采用柱面透镜聚光 适用于各种流水线连续监测场合	线阵相机照明专用 AOI 专用

续表

光源照片		类型特点	应用领域
	RGB光源	不同角度的三色光照明,照射凸显焊锡三维信息,外加漫射板导光,减少反光 RIM 不同角度组合	专用于电路板焊锡检测
	球积分光源	具有积分效果的半球面内壁,均匀反射从底部360°发射出的光线,使整个图像的照度十分均匀	适用于曲面、表面凹凸、弧面表面的检测,金属、玻璃表面反光较强的物体表面检测
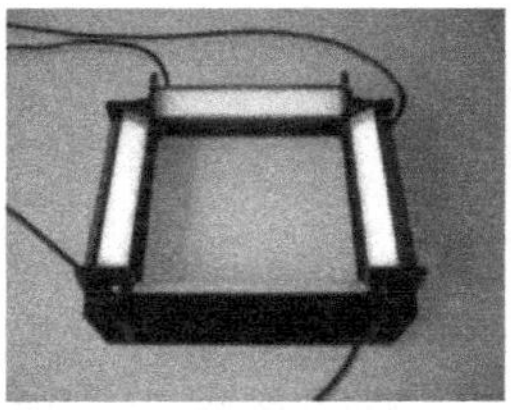	条形组合光源	四边配置条形光,每边照明独立可控,可根据被测物要求调整所需照明角度,适用性广	PCB 基板检测 焊锡检查 Mark 点定位 显微镜照明 包装条码照明 IC 元件检测
	对位光源	对位速度快,视场大,精度高,体积小,亮度高	全自动电路板印刷机对位
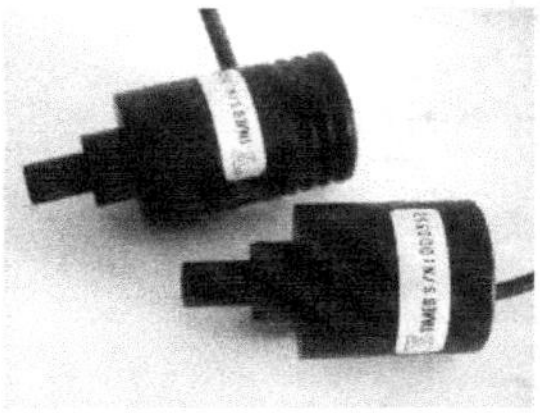	点光源	大功率 LED,体积小,发光强度高,光纤卤素灯的替代品,尤其适合作为镜头的同轴光源,高效散热装置,大大提高光源的使用寿命	配合远心镜头使用 用于芯片检测,Mark 点定位,晶片及液晶玻璃底基校正

5. 各个设备的硬件连接

知道了系统的各个硬件设备,那么这些设备是如何连接的呢?
(1) 智能相机与计算机的连接
智能相机与计算机的连接如图 4-10 所示。
(2) 智能相机与光源控制器的连接
智能相机与光源控制器的连接如图 4-11 所示。

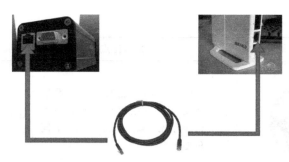

图 4-10　智能相机与计算机的连接

图 4-11　光源控制器与智能相机的连接

（3）光源控制器与光源的连接

光源控制器上有"V＋"、"V1－"和"V2－"三个接线端子，可同时给两个光源供电。接线时将光源的正端（一般是红色线）都接在"V＋"上，光源的负端（一般为蓝色）分别接至"V1－"和"V2－"上。若只用一个光源，可任意选接"V1－"和"V2－"。光源控制器与光源的连接方式如图 4-12 所示。

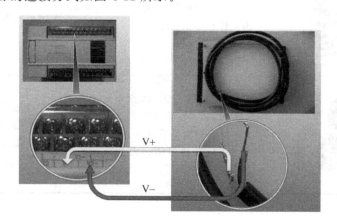

图 4-12　光源控制器与光源的连接

（三）机器视觉软件部分

1. 软件的安装

登录信捷机器视觉官方网站 http：//www.x-sight.com.cn 或从随机光盘中获取安装

软件 X-SIGHT STUDIO，本软件适合于运行在 Windows 2000、Windows XP、Windows Vista 及以上等平台。

① 如果操作系统未安装过 Framework2.0 库，请在信捷官方网站 http：//www.xinje.com 下载中心下载。下载完后解压，运行安装文件夹中"dotnetfx"子文件夹下的安装程序 "dotnetfx.exe"。

② 双击运行安装文件"setup.exe"，按提示完成安装。

2. 软件界面

设置好以太网配置后，双击编程软件 X-SIGHT STUDIO 的图标" "，弹出编程界面，X-SIGHT STUDIO 软件界面的基本构成如图 4-13 所示。

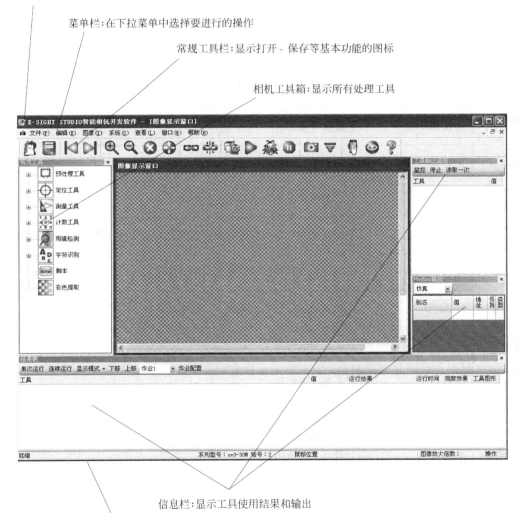

图 4-13　X-SIGHT STUDIO 软件界面的基本构成

3. 常规工具栏

常规工具栏中的常用工具使用说明见表 4-5。

表 4-5 常用工具使用说明

图标	名称	说明
	打开	打开所需要处理的 BMP 图片
	工程另存为	另存为现在所编辑的工程
	上一张图像	在打开一个图像序列时，浏览上一张图片
	下一张图像	在打开一个图像序列时，浏览下一张图片
	放大	放大现在正在编辑的图片
	缩小	缩小现在正在编辑的图片
	恢复原始图像大小	恢复现在正在编辑的图片的原始大小
	连接服务器	连接智能相机
	断开服务器	中断与智能相机的连接
	采集	采集模式只采集图像不进行处理
	调试	调试模式可以打开已有的工程图片对工程进行调试，相当于仿真
	运行	在成功连接相机的情况下，命令相机运行
	停止	在成功连接相机的情况下，命令相机停止运行
	设置相机	设置相机配置
	下载	下载作业配置
	Visionserver	图像显示软件
	触发	进行一次通信触发
	显示图像	在成功连接相机的情况下，要求显示相机采集到的图像
	帮助	提供帮助信息

4. 视觉处理工具

(1) 预处理工具

预处理工具用于修改拍摄图像中不满意的地方，如拍摄的图片出现非物品本身的杂质或拍摄的对比度达不到要求等。由于预处理工具的运算要占用大量的时间，在一般情况下推荐重新拍摄图片，不推荐使用预处理工具。

预处理工具中有 7 种工具，作用分别如下。

① 清晰度：在打光和调焦的时候起到辅助显示的功能，可以参考。

② 数学形态学：用于边界线条的加粗或减弱。一般由于光源问题，拍摄出的图像的线条与本身有一定差距，可以通过数学形态学来调整。

③ 图像滤波：用于消除拍摄出的非拍摄物体本身的噪声点。

④ 边界提取：用于寻找边界。由于边界像素点灰度值变化一般比较大，所以可以找出图片中灰度值变化较大的像素点，找出的像素点连接从而绘出图片中物体的边界线。变换完成后检测区域只有为 0 和 255 两种灰度值。

⑤ 灰度变换：用于使偏暗或偏亮的图片达到指定的灰度范围内，以减少光源等问题所造成的灰度偏移。其他工具对灰度值的改变一般为二值化，但灰度变换对灰度值为灰度拉升、锐化等。

⑥ 二值化：用于将处理区域中的图像进行二值化［转换成只有黑（灰度 0）和白（灰度 255）两种颜色］。

⑦ 图像差影：图像差影用于检测选中区域是否与学习过的图像一致，不一样的地方将被标出。

(2) 定位工具

定位工具主要用于定位。定位工具菜单中共有 9 种工具，作用分别如下。

① 点定位：用于定位边界点。检测区域为直线或圆弧或圆，并在图像显示窗口中用绿色"＋"表示寻找到的拟合边界点。

② 线定位：用于定位边界线，或寻找用户自定义直线到物体边界线的最小距离、最大距离和中间距离。

③ 线条定位：直线是没有宽度的，线条是有宽度的，线条定位是定位中线，用黄色线标出。

④ 圆定位：用来定位圆。在图像显示窗口中显示待定位圆所在的拟合圆和该拟合圆的圆心。

⑤ 圆弧定位：用来定位圆弧。在图像显示窗口中显示待定位圆弧所在的拟合圆和该拟合圆的圆心。

⑥ 斑点定位：斑点定位根据周长和面积定位，若检测区域出现周长、面积类似的斑点则采用形状定位的目标定位工具。

⑦ 目标定位：需要定位的目标有形状区分的时候采用目标定位。

⑧ 矩形定位：矩形定位用来定位类似矩形的区域，通常也用来判断定位目标物体的旋转角度。

⑨ 几何定位：用于定位矩形类图形、线条组成的规则类形状。

3. 测量工具

测量工具用来测量距离或角度。测量工具菜单中共有如下两种工具。

① 距离测量。
- ◇ 测量两条线的距离，不管两条线是否平行都可用，主要是用一条线上的点到另一条线的距离的平均值来表示。
- ◇ 测量点到线的距离。
- ◇ 测量点到点的距离。

② 角度测量：测两条线的夹角，若要测旋转角度，比如说是求同一条直线旋转了多少角度用脚本来完成。

4. 计数工具

计数工具是用来计算统计目标个数。计数工具菜单中共有 8 种工具，其中前 4 种均为测量边缘点个数，只是检测路径形状不同。

① 点计数。
- ◇ 沿直线计数：沿直线计数用于对检测路径上的边缘点进行计数。检测路径为直线段。
- ◇ 沿多线段计数：沿多线计数用于对检测路径上的边缘点进行计数。检测路径为多线，即由多条线段组成。
- ◇ 沿圆计数：沿圆计数用于对检测路径上的边缘点。检测路径为圆周。
- ◇ 沿圆弧计数：沿圆弧计数用于对检测路径上的边缘点进行计数。检测路径为圆弧。

② 线计数。
- ◇ 圆环内线计数：圆环内线计数用于对检测路径内线的计数。检测路径为圆环。
- ◇ 矩形内线计数：矩形内线计数用于对检测路径内线的计数。检测路径为矩形。

③ 线条计数。
- ◇ 圆环内线条计数：圆环内线条计数用于对检测路径内线条的计数。检测路径为圆环。
- ◇ 矩形内线条计数：矩形内线条计数用于对检测路径内线条的计数。检测路径为矩形。

④ 圆计数。
- ◇ 圆环内圆计数：圆环内圆计数用于对检测路径内圆的计数。检测路径为圆环。
- ◇ 矩形内圆计数：矩形内圆计数用于对检测路径内圆的计数。检测路径为矩形。

⑤ 圆弧计数：圆弧计数用于对检测路径内圆弧的计数。检测路径为圆弧。

⑥ 斑点计数：斑点计数用于对检测路径内斑点的计数，先在学习区域内学习目标斑点，再在搜索区域内按匹配度高低进行计数。针对面积和周长进行计数。

⑦ 目标计数：目标计数用于对检测路径内目标的计数，可以是单个的目标也可以是几个图形组成的一个整体的目标，当要考虑形状方面的因素时不能用斑点计数而应使用目标计数。

⑧ 像素统计：统计在一个灰度范围内像素值。

三、任务分析

1. 工作原理

根据任务要求可知,需要相机对物体进行拍照,执行相机内的程序,在相机内进行处理,然后将相机处理的结果通过 RS485 输出给 PLC,PLC 经过处理后(单位换算、计算等)再显示到触摸屏上。机器视觉系统原理框图如图 4-14 所示。

图 4-14　机器视觉系统原理框图

2. 设计思路

相机采集到的图片,经过距离测量工具运算后得到的数值的单位是像素,但是需要显示出来的结果的单位却是 mm,如何将相机采集图片的像素转换为实际距离呢?

最简单的方法就是相机镜头调节清楚后,将某一长度的经过精确测量(A,mm)的物件放在相机视野下,然后用相机测得其长度(B,像素),相除得到一个系数(B/A),将这个系数作为标准,来参与单位的换算,这样的方法称之为标定。这一标定是在完成此项目前需要完成的,只要该设备没有改变,这一标定数据始终有效。

进行单位换算时,既可以在相机中执行这一换算(需要调用脚本),也可以在 PLC 中进行(加减乘除运算),任意选择一个即可。若读者对机器视觉还不够了解,则建议放在 PLC 中运算更为方便,当出现计算错误时也方便监控排查。

另外,要求只要在视野范围内都可以检测出内外径和环宽。但是,每次人为地放上去的位置是不固定的,那么如何使工具自动定位到检测物品呢?

这就要使用定位工具(例如目标定位),先学习要检测物品的大致形状,再将搜索区域设置到视野内最大,这样,不管检测物放在何处,都可以被定位到;然后将测量工具继承定位工具(相对静止),即只要定位工具定位到目标,测量工具马上跟随上去。

综上,总结任务中的一些难点的解决方案见表 4-6。

表 4-6　任务难点以及解决方案总结表

任 务 难 点	解 决 方 案
如何将相机采集图片的像素转换为实际距离	标定
在哪个设备进行单位换算	在 PLC 内部进行
如何使工具自动定位到检测物品	定位工具+继承

3. 产品选型

（1）相机选型

相机选型时，可按照公式（4-1）进行：

$$\frac{产品尺寸}{相机宽度方向像素数目} \times 4 = 测量精度 \qquad (4-1)$$

本项目所测垫片直径约 12mm，若选用 30 万像素的相机，则其相机宽度为 480（单位：像素），算得精度为 0.1mm，满足 0.2mm 精度的测量要求，故选用 30 万像素的相机。

（2）镜头选型

镜头选型时，大致可按照公式（4-2）进行：

$$\frac{视野对角线长度}{COMS 芯片对角线长度} = \frac{拍摄距离}{镜头焦距} \qquad (4-2)$$

其中，视野要求可以覆盖所测物体，所以应大于产品对角线长度。而工作距离在 0～450mm 内可调，假设视野对角线长度为 100mm，则根据设备高度以及检测物品的大小，以可以将界面调节清楚、所检测物品在视野范围内为目标，最后选择 8mm 镜头。

（3）光源选择

此项目只需要看清检测物品轮廓，故选择背光灯。

（4）光源控制器选型

根据光源的供电要求，本项目选择了 SIC-242 型号的光源控制器。

（5）PLC 选型

本项目 PLC 实现的是最基本的 RS485 通信和逻辑运算，信捷绝大多数 PLC 都可满足此要求，这里选择的是 XC3-24RT-E。

4. 参数设置

相机的参数按照出厂设置即可，PLC 串口 2 的参数需修改成与相机默认参数一致（波特率为 38400、数据位 8 位、停止位 1 位、奇偶校验为无校验）。

5. I/O 分配

PLC 的 I/O 分配见表 4-7。

表 4-7 RLC 的 I/O 分配表

功　　能	软元件编号
RS485＋	A
RS485－	B

6. 系统接线

机器视觉系统接线图如图 4-15 所示。

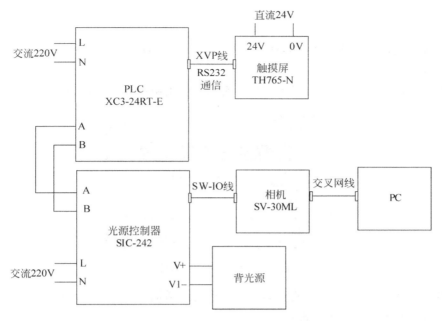

图 4-15　机器视觉系统接线图

四、任务实施

1．硬件接线

按图 4-15 连接系统控制线路，检查无误后上电。

2．上位机以太网卡配置

用网线将相机与计算机相连后，按如下步骤进行以太网卡配置。
① 选择"开始"→"设置"→"控制面板"命令。
② 若是经典视图则双击"网络连接"，若是分类视图则选择"网络和 Internet 连接"→"网络连接"。
③ 右击"本地连接"，选择"属性"命令。
④ 选择"Internet 协议（TCP/IP）"，单击"属性"按钮。
⑤ 网络连接设置。

A、将 IP 地址设置为 192.168.8.＊，其中"＊"表示在 1～255 的任意数字，如可设置成 192.168.8.20，需注意其地址不能与相机地址（默认为 192.168.8.2）相同。

B、子网掩码为 255.255.255.0。

C、默认网关可以不填。

D、DNS 服务器都不填。

E、单击"确定"按钮即可。

3. 连接相机

单击机器视觉编程软件 X-SIGHT STUDIO 常规工具栏连接相机图标" ",将相机与计算机连接。

若没有连接好或者 IP 地址设置不当,否则会弹出错误对话框,如图 4-16 所示。

图 4-16 IP 设置错误对话框

若连接正确并且 IP 地址修改正确,则弹出的对话框如图 4-17 所示。此时表示搜索到相机,单击"确定"按钮退出即可。

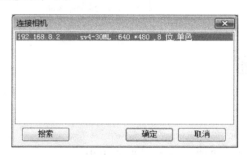

图 4-17 IP 设置正确对话框

4. 试教

由于相机测量的单位是像素,而实际人们需要测量的单位往往是 mm,所以需要进行单位换算,这就需要先进行标定,算出两个单位转换的系数,即试教系数。有了试教系数,在实际工程中,只要相机检测到长度(单位为像素),就可以知道其实际检测长度(单位为 mm)。因此每次设备变动,都需要进行试教,以得到试教系数。

图 4-18 I 标准量块实物图

① 单击机器视觉编程软件 X-SIGHT STUDIO 常规工具栏显示图像图标" ",显示实时拍摄的图像。

② 寻找身边的工件,用游标卡尺测得其实际长度,单位为 mm。本例中使用的为标准量块,如图 4-18 所示,宽度为 10mm,将其放至相机视野范围内。

③ 调节镜头的焦距和光圈、光源亮度、相机高度,将图像调制到最清晰。

④ 编写测量程序。

单击机器视觉编程软件 X-SIGHT STUDIO 左侧工具栏的"定位工具"→"线定位"图标，如图 4-19 所示。在图像显示窗口中所检测图像边缘的上方，按住鼠标左键不松开，拖动鼠标呈现一个跟随鼠标变化的直线，在直线比较合适的地方松开鼠标左键出现一条有方向的直线，该方向便为检测方向，应尽量使检测方向平行于边界。

鼠标箭头往直线另一侧移动出现一个矩形选框，出现满意的矩形后单击，形成的绿色矩形即为检测区域。在弹出的对话框中单击"确定"按钮后退出。检测区域中形成的绿色直线即为拟合出的边界线，如图 4-20 所示。

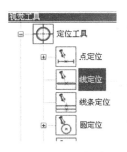

图 4-19 选择线定位工具

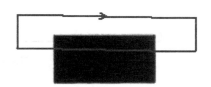

图 4-20 线定位框选工件一边

同样的方法定位另一边，如图 4-21 所示。

工件两条边缘被定位出来了，然后单击机器视觉编程软件 X-SIGHT STUDIO 左侧工具栏的"测量工具"→"距离测量"图标，如图 4-22 所示。在弹出的距离属性对话框中将"选项"选项卡按图 4-23 设置好后单击"确定"按钮退出。

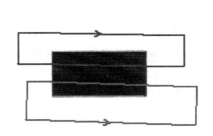

图 4-21 线定位框选工件另一边

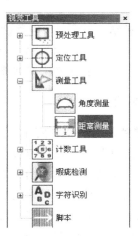

图 4-22 选择距离测量

在机器视觉编程软件 X-SIGHT STUDIO 界面下方的"上位机仿真调试工具输出监控"里可以看到 tool3 的测量结果为 51，如图 4-24 所示。

则试教系数为：

$$\frac{10}{51} = 0.196$$

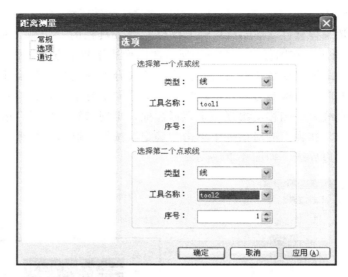

图 4-23　距离测量属性对话框

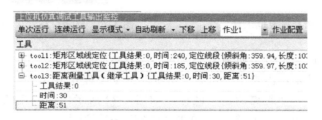

图 4-24　距离测量结果

至此试教结束，0.196 则是试教系数。

注意：试教结束后相机相对检测物的位置、镜头焦距、亮度等均不可再调节，否则需要重新试教。此试教也可采用线条定位工具进行。

5. 编写相机程序

① 将垫片放到相机视野中，单击机器视觉编程软件 X-SIGHT STUDIO 左侧工具栏中的"定位工具"→"目标定位"图标，然后在显示图片区域拖动，框选被检测的垫片，松开鼠标，弹出的对话框如图 4-25 所示。

单击"确定"按钮，目标定位图片显示区域如图 4-26 所示。这时会发现，有一大一小两个绿色的框，大框表示搜索区域，小框表示学习区域，在搜索区域内定位所有学习框内学到的目标。垫片轮廓有一条蓝绿色拟合线，垫片中心还有一个"1"，这就表示已经在搜索区域内搜索到学习框内的目标（因为搜索框包含了学习框）。

为了让垫片可以在任何显示区域都可以被定位到，可以将搜索区域拉至最大，如图 4-27 所示。

注意：选中的工具线为绿色，没被选中的工具线颜色会变为蓝色。

在放置下一个工具前，可以将目标定位工具以及其观察效果隐藏起来，这样做的目的只是为了方便放置以及观察下一个工具的效果，避免界面看起来很复杂。隐藏方法是在机

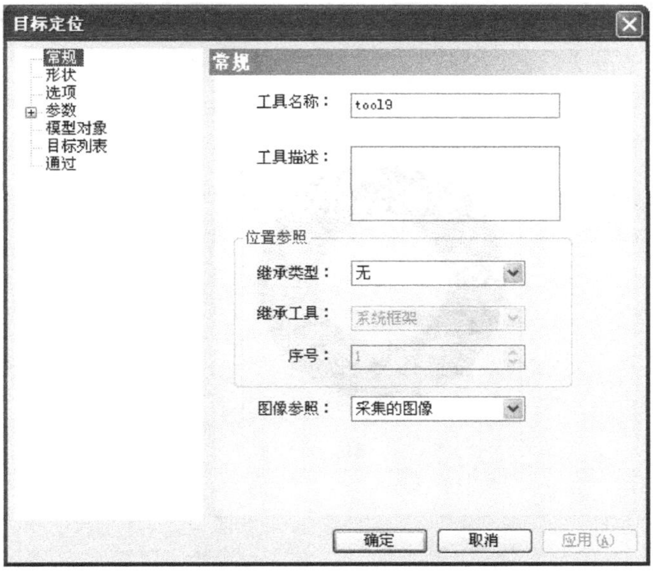

项目四 机器视觉控制系统

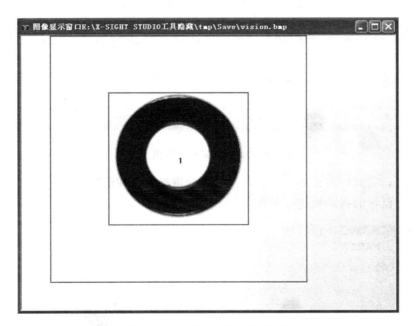

图 4-25 目标定位对话框

图 4-26 目标定位图片显示区域

器视觉编程软件 X-SIGHT STUDIO 界面下方的"上位机仿真调试工具输出监控"区域，单击目标定位工具的"观察效果"以及"工具图形"下方的"显示"，如图 4-28 所示。单击后，"观察效果"以及"工具图形"下方的"显示"变成"隐藏"，如图 4-29 所示。此时，图像显示区域的目标定位工具和定位效果都被隐藏起来。

② 单击机器视觉编程软件 X-SIGHT STUDIO 左侧工具栏中的"定位工具"→"圆定位"→"圆环内圆定位"图标，如图 4-30 所示。然后选中垫片环内一点（不一定是圆

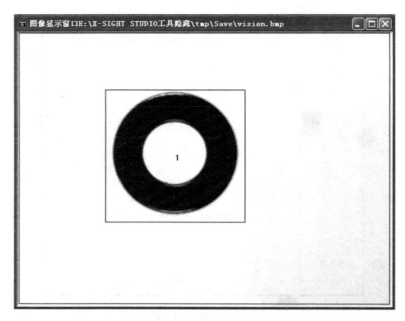

图 4-27 目标定位工具搜索框拉至最大

图 4-28 观察效果和工具图形显示

图 4-29 观察效果和工具图形隐形

心）作为起点，在圆环内拖动一个圆，往外拖动鼠标，再在圆环外松开鼠标。放置圆环内圆定位工具时鼠标的拖动轨迹，如图 4-31 所示。

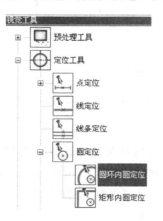

图 4-30 选择圆环内圆定位工具

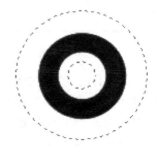

图 4-31 放置圆环内圆定位工具时鼠标的拖动轨迹

弹出的对话框如图 4-32 所示，圆定位"位置参照"属性的设置如图 4-33 所示。

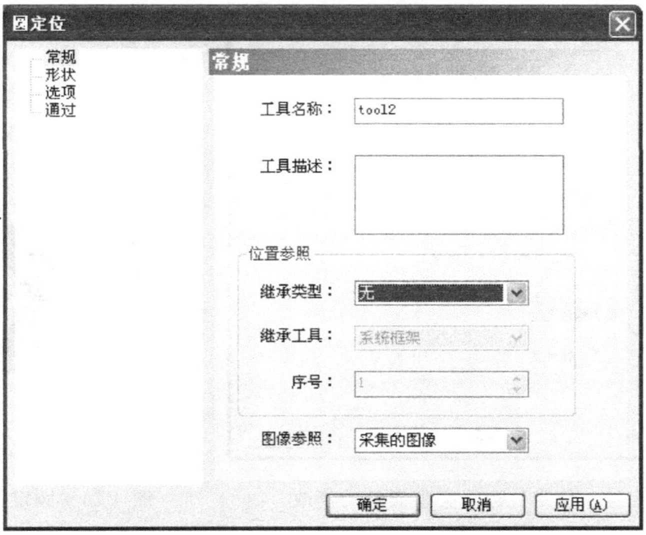

图 4-32　圆定位属性对话框

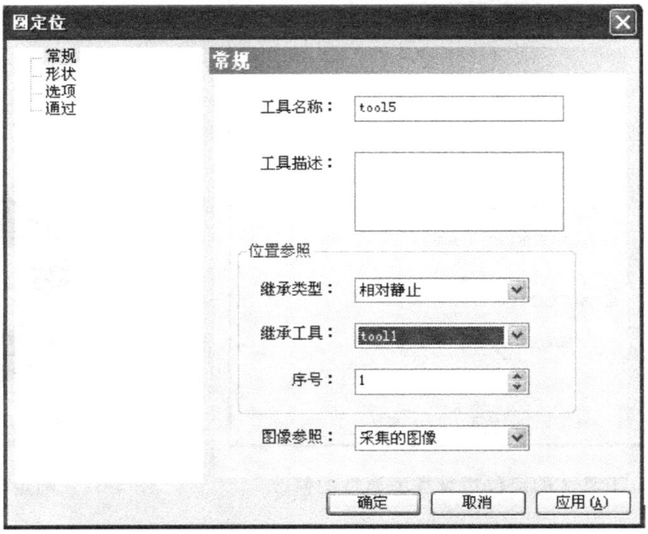

图 4-33　圆定位"位置参照"属性的设置

单击"选项"选项卡，将圆定位 1 的定位边缘类型属性改为"从黑到白边缘"，如图 4-34 所示。单击"确定"按钮后退出。显示图片区域效果如图 4-35 所示，外层的绿色线即相机拟合的垫片的外径。

③ 按照步骤②，再次放置一个"圆环内圆定位"工具，常规设置与②相同，将圆定位工具 2 的定位边缘类型属性改成"从白到黑边缘"，如图 4-36 所示。显示图片区域如图 4-37 所示，内层的绿色线即相机拟合的垫片的内径。

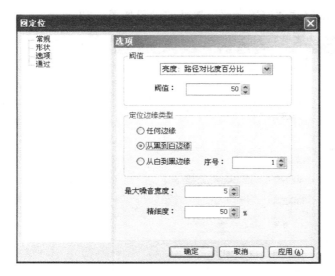 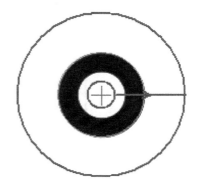

图 4-34　圆定位 1 位定位边缘类型属性的修改　　图 4-35　圆定位工具 1 的定位效果

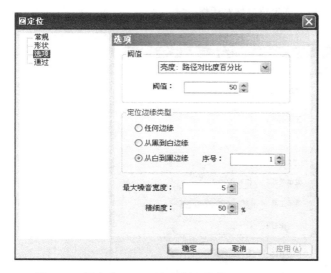 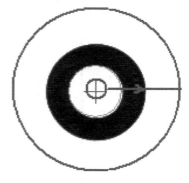

图 4-36　圆定位工具 2 的定位边缘类型属性的修改　　图 4-37　圆定位工具 2 的定位效果

单击打开机器视觉编程软件 X-SIGHT STUDIO 界面下方的"上位机仿真调试工具输出监控"内的 tool2 和 tool3 工具前的"▣"，显示如图 4-38 所示，表示已经定位并测出了内圆和外圆的半径。

④ 由于需要将检测的结果输出给 PLC，故单击机器视觉编程软件 X-SIGHT STUDIO 菜单栏中的"窗口"→"Modbus 配置"命令，在弹出的窗口中单击"添加"按钮，在弹出界面中找到"tool2"→"out"→"圆周对象"→"半径值"，如图 4-39 所示。

双击"半径值"，选择为外圆半径配置 Modbus 地址，如图 4-40 所示。

同样的方法为内径值也配置 Modbus 地址，配置好后，"Modbus 配置"窗口如图 4-41 所示。

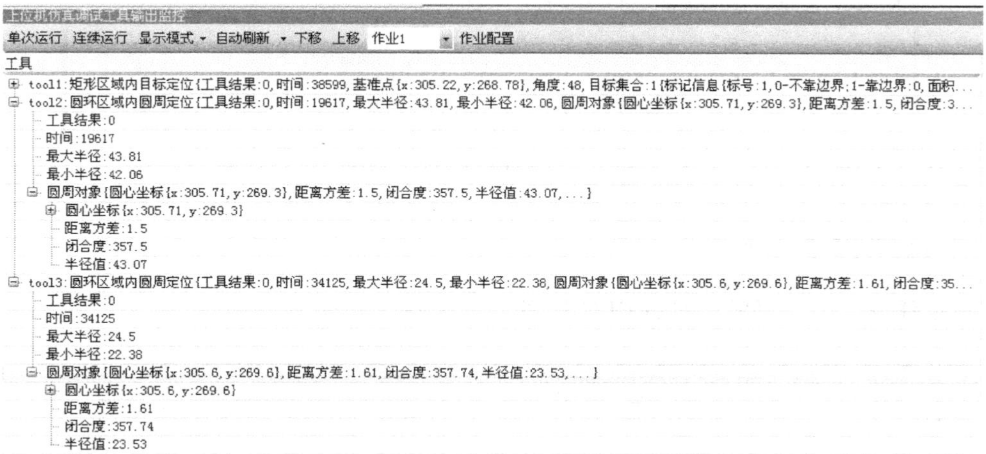

图 4-38 工具输出监控

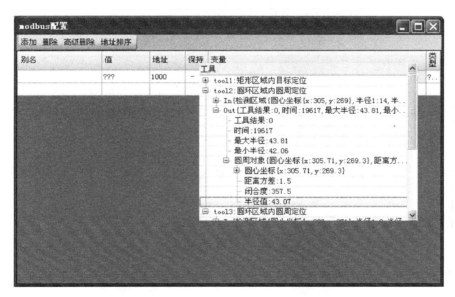

图 4-39 "Modbus 配置"对话框

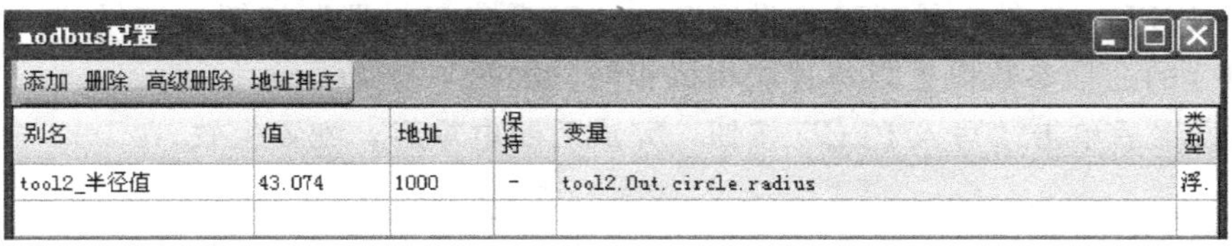

图 4-40 外径配置 Modbus 地址

单击视觉编程软件常规工具栏的"▽"图标,将相机程序下载至智能相机,再单击"▷"图标。运行智能相机。

别名	值	地址	保持	变量	类型
tool2_半径值	43.074	1000	..	tool2.Out.circle.radius	浮点
tool3_半径值	23.527	1002	..	tool3.Out.circle.radius	浮点

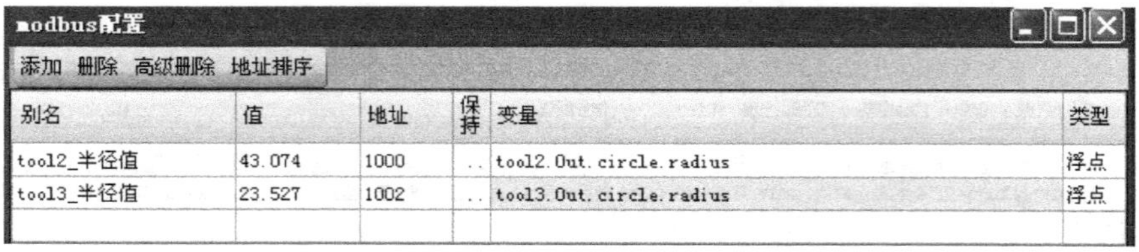

图 4-41　内外径 Modbus 配置

6. 编写 PLC 程序

根据任务要求编写项目四的 PLC 程序，如图 4-42 所示。

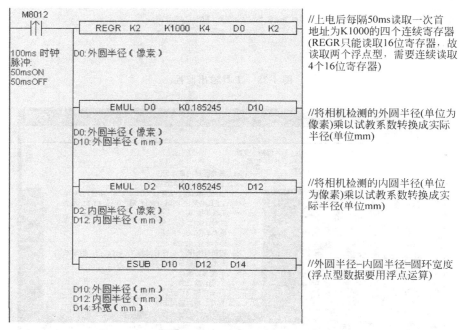

图 4-42　项目四的 PLC 程序

单击 XCPPro 软件的常规工具栏的“”图标，将 PLC 程序下载至 PLC。

7. PLC 串口设置

单击 XCPPro 软件内的“PLC 设置”→“PLC 串口设置”按钮，选择“串口 2”，将 PLC 串口 2 的通信参数设置得与智能相机相同，如图 4-43 所示。

参数设置后单击“写入 PLC”按钮，完成后断电重启，配置生效。

8. 编写触摸屏程序

(1) 新建工程

新建触摸屏程序，显示器选择如图 4-44 所示；PLC 口选择如图 4-45 所示；以太网设备中设置 IP 地址与计算机 IP 地址相同，假设计算机 IP 设置为 192.168.0.20，则以太网设备 IP 的设置如图 4-46 所示。

图 4-43 PLC 串口 2 参数设置

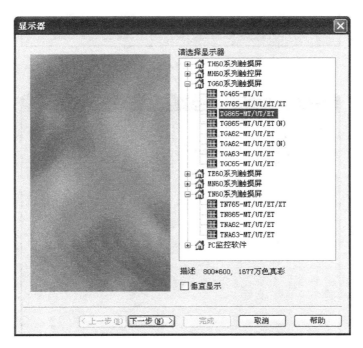

图 4-44 显示器选择

单击"下一步"按钮后,单击"确定"按钮,新建完成。

(2) 开启高级模式

查看触摸屏软件编辑界面,若如图 4-47 所示,表示当前处于简单模式,则选择"工具"→"选项"命令,在弹出的界面上单击"用户模式"按钮,如图 4-48 所示。

弹出如图 4-49 所示界面,提示是否重启软件,单击"否(N)"按钮,再弹出是否保存文件提示,如图 4-50 所示,单击"是(Y)"按钮。

重新打开刚刚保存的工程,发现软件界面变成了高级模式,如图 4-51 所示。

图 4-45　PLC 口选择

图 4-46　以太网设备 IP 的设置

图 4-47　简单模式界面

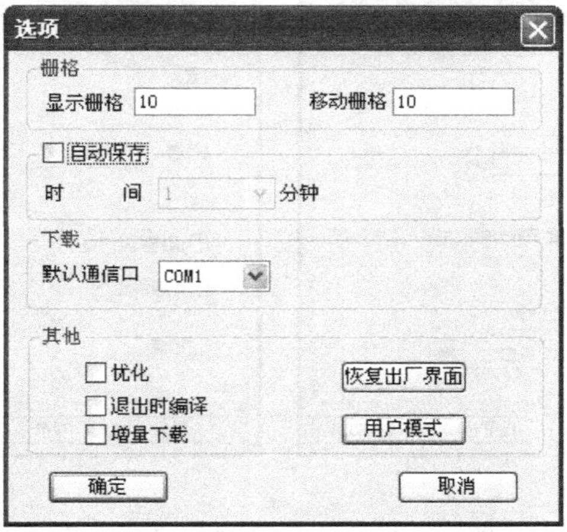

图 4-48　更改用户模式

图 4-49　是否重启提示

图 4-50　是否保存文件提示

图 4-51　高级模式界面

（3）部件放置

单击工具栏中的 图标，在程序编辑区拖动鼠标放置视觉显示框，再双击修改其属性，如图 4-52 所示。设置好后单击"确定"按钮退出。

根据控制要求，在 Touchuwin 编程界面分别放置数据显示框，除了将对象分别改成 D0、D2、D14 外，将三个数据显示类型都修改为浮点型，小数点后保留 1 位。

至此触摸屏程序编辑完成，单击触摸屏编程工具栏上的"　"图标，将触摸屏程序下载至触摸屏。

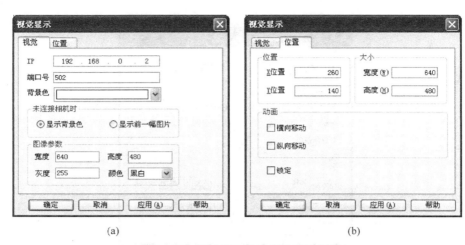

图 4-52 视觉显示属性设置对话框

9. 系统调试

将垫片放置相机视野中，观察触摸屏上是否显示该垫片内外径和环宽，若不显示，或显示错误，则检查步骤如下：

① 观察相机工具是否通过，若通过，查看检测的内外半径值；若不通过，设置相机工具属性参数。

② 使用相机的监控 Modbus 输出功能，单击机器视觉编程软件 X-SIGHT STUDIO 菜单栏中的"窗口"→"Modbus 输出"命令，如图 4-53 所示。弹出 Modbus 输出监控界面，如图 4-54 所示。在此界面可以监控已配置的工具的数值变化。若为内外半径配置的 Modbus 地址是否有输出，检查是否正确进行了地址分配。

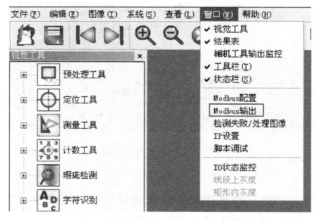

图 4-53 打开 Modbus 输出功能

图 4-54 Modbus 输出监控界面

注意：要看相机中的实际数据时需在"Modbus 输出监控"中选择"相机",选"仿真"时显示的是上位机的数据。相机上只有一个网口,即触摸屏和计算机不能同时通过网口与相机连接,故需要在调试的时候,注意网线正确接至需要通信的设备上。

③ 用自由监控功能监控 PLC 的 D0、D2（浮点型）内是否有数字,并且和相机内一致,若不一致,检查通信线是否连接正确、PLC 串口设置是否与相机一致。

④ 自由监控 D10、D12、D14 内数据是否正确,若不正确,检查并修改 PLC 程序,直至正确。

⑤ 检查触摸屏程序以及触摸屏与 PLC 是否连接正确。

五、知识拓展

1. 常用功能介绍

常用功能主要包含：保存图像序列、固件升级、相机配置、相机信息、扫面周期、错误信息、Modbus 配置、相机工具输出监控、IO 状态监控、线段上灰度、矩形内灰度、作业配置、visionserver 等。

（1）保存图像序列

单击机器视觉编程软件 X-SIGHT STUDIO 菜单栏中的"图像"→"保存图像序列"命令,如图 4-55 所示,弹出"保存图像序列"对话框,如图 4-56 所示。

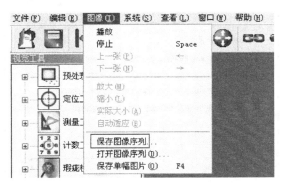

图 4-55　打开保存图像序列功能

图 4-56　"保存图像序列"对话框

该功能可以将采集到的图像按照设定（保存图片数和每隔多少存一张）保存在指定路径的文件夹内。

（2）固件升级

单击机器视觉编程软件 X-SIGHT STUDIO 菜单栏中的"系统"→"固件升级"命令，如图 4-57 所示，弹出固件升级对话框，如图 4-58 所示。

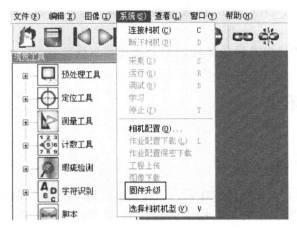

图 4-57　打开固件升级功能

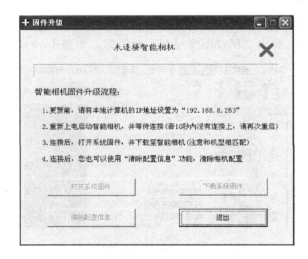

图 4-58　固件升级未连接相机时对话框

观察图 4-58 所示对话框的右上角，发现有红色"×"符号标记，并且"下载系统固件"按钮是灰色，表示此时还不能进行固件升级，可仔细阅读图中间的智能相机固件升级流程说明，按照说明操作后会发现固件升级对话框的右上角原先的红色"×"变为了绿色的"●"，如图 4-59 所示。

连接后单击"打开系统固件"→"下载系统固件"按钮，等待进度条满后单击"退出"按钮即可。

注意：相机固件升级相当于更新相机底层系统，原先程序将会丢失！

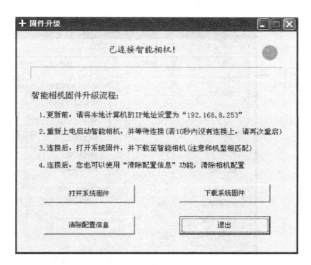

图 4-59 固件升级连接相机时对话框

（3）相机配置

单击机器视觉编程软件 X-SIGHT STUDIO 菜单栏中的"系统"→"相机配置"命令，如图 4-60 所示。弹出"相机配置"对话框，如图 4-61 所示。

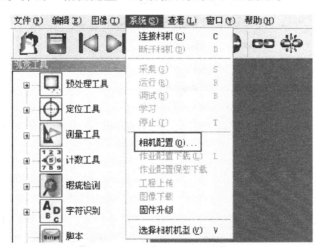

图 4-60 打开相机配置功能

注意：站号可修改（1~10），相机波特率固定为 38400。

单击"相机配置"对话框中的"输出口信号配置"选项卡，如图 4-62 所示，将工具 2 的输出结果配置为 Y0 输出。

单击"相机配置"对话框中的"输出口高级配置"选项卡，如图 4-63 所示，将 Y0 默认状态设置为断（指示灯不亮），表示当工具 2 处于通过状态时 Y0 通（指示灯亮）。

（4）相机信息

单击机器视觉编程软件 X-SIGHT STUDIO 菜单栏中的"查看"→"相机信息"命令，如图 4-64 所示。弹出"相机信息"对话框，如图 4-65 所示，在此对话框中可以了解相机的相关信息。

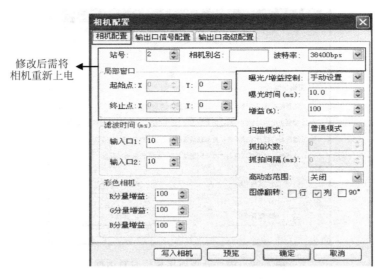

图 4-61 "相机配置"对话框

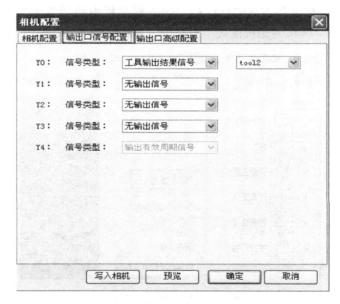

图 4-62 输出口信号配置

单击机器视觉编程软件 X-SIGHT STUDIO 常规工具栏中的"?"图标,弹出的对话框如图 4-66 所示,需保证图上的"固件版本"和图上的"版本"信息一致。

(5)作业配置

单击"机器视觉编程软件 X-SIGHT STUDIO 结果表"→"作业配置"图标,如图 4-67 所示,弹出的对话框如图 4-68 所示。

作业的触发方式有连续触发、内部定时触发、外部触发、通信触发四种触发方式。连续触发不需要外部干预,采集完一帧图像后,自动采集下一帧图像;内部定时触发根据设置的采集周期,由相机内部定时触发采集图像;外部触发由相机根据输入口 X0 和 X1

项目四 机器视觉控制系统

图 4-63 输出口高级配置

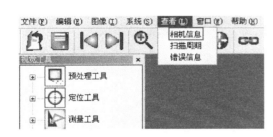

图 4-64 查看相机信息功能

图 4-65 "相机信息"对话框

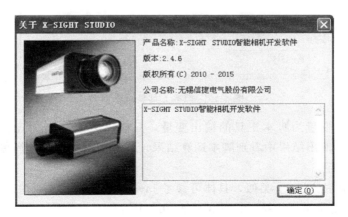

图 4-66 "关于 X-SIGHT STUDIO"对话框

141

图 4-67　打开作业配置功能　　　　图 4-68　"作业配置"对话框

的状态采集图像；通信触发由相机根据 Modbus 寄存器地址 21～25 的状态触发相应的作业采集图像。相机运行过程中，每个扫描周期可以执行多个作业，作业 1 运行的过程中，如果对作业 2、作业 3、作业 4、作业 5 等有触发请求，则该触发请求会被保留，作业 1 执行完毕后，会执行被触发的作业。

作业配置可以配置每个作业的触发方式、延时时间、采集周期以及输入口选择。

延时时间表示在触发信号生效后，再延时一定的时间采集图像。

采集周期在使能"内部定时触发"时有效；输入口选择在使能"外部触发"时有效。

2. X-Sight Studio 软件脚本

脚本功能需要配合其他工具才能应用。

脚本工具显示界面如图 4-69 所示。

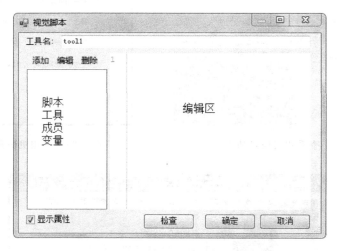

图 4-69　脚本工具显示界面

脚本工具成员变量为脚本工具的输出变量，只能定义为 float 或 int 类型，通过它能在编程工具的工具输出结果中看到脚本运算结果。脚本输出变量为全局保持的，每次的运算结果都会一直保存。

脚本的基本语法与 Java 类似，具体可参考 Java 语法规则。需要注意以下三点：

① 编辑区的变量声明支持 int、float 和 Object 类型；

② 脚本工具成员变量区支持 int 和 float 类型；
③ 不支持类，不支持自定义函数等高级功能。

思考与练习四

4-1 六角螺母是机械设备上常见的零件，六角螺母的实物图如图 4-70 所示。虽然实际中六角螺母的边角经过打磨后并不十分分明，但是我们可以检测两条边的夹角。六角螺母的检测示意图如图 4-71 所示。试用视觉相机检测出图 4-71 中 α 角的角度，并在触摸屏上显示。

图 4-70 两个定位点距离脚本输出

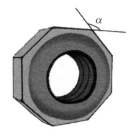
图 4-71 六角螺母的检测示意图

4-2 内齿锁紧垫圈实物图如图 4-72 所示，试检测其内齿个数以及外圆直径，并将检测结果显示在触摸屏上。

4-3 滚珠轴承是也叫球轴承，滚珠轴承实物图如图 4-73 所示。将球形合金钢珠安装在内钢圈和外钢圈的中间，以滚动方式来降低动力传递过程中的摩擦力和提高机械动力的传递效率。其结构剖面如图 4-74 所示。在生产轴承的过程中，有可能出现瑕疵品（缺珠）的情况，缺珠与不缺珠对比图如图 4-75 所示。要求，在相机视野的范围内，任意位置放上轴承，自动检测其缺珠情况。若不缺珠，则在触摸屏上显示"通过"；若缺珠则显示"缺珠"。

图 4-72 内齿锁紧垫圈实物图

图 4-73 滚珠轴承实物图

图 4-74 滚珠轴承结构剖面图

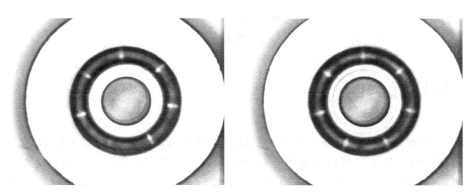

图 4-75 缺珠与不缺珠对比图

项目五

面条称重机控制系统

一、任务提出

面条称重机是长条形挂面专用的自动定量计量输出设备，利用电磁振动供给物料，采用流量控制式的二级计量方式。面条称重机采用中英文彩色触摸屏、PLC 控制，操作直观、简便，计量速度快、精度高。图 5-1 是面条称重机的设备实物图。

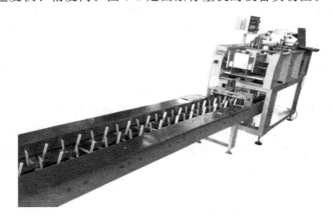

图 5-1　面条称重机设备实物图

面条称重机结构原理图如图 5-2 所示，其称重部分由储料仓、理料结构、计量斗、振动机构、下料阀、放料阀、称重传感器、传输机构等部分组成。储料仓为缓冲式料仓，用于物料存储并提供一个接近均匀的物料流；理料结构由直流电动机带动，通过前后左右摆动使面条自动整理对齐。振动机构用于振动使面条下滑放料，振动力度的大小可以通过调节电压实现，此项目中已经集成好两级振动力度，使用时只需要两个输出点，就可以分别控制大小振动切换。放料阀用于将储料仓内的面条下放到计量斗中，放料阀位于备料斗底部，当设备检修或出现故障时，用于将物料封阻在储料仓内。秤体主要有计量斗、称重支架和称重传感器组成，完成重量到电信号的转变并传输到控制单元，传输机构将称好的面条送至面条包装机进行包装。

其控制要求如下：

① PLC 一上电，系统进入初始状态，人工上料。

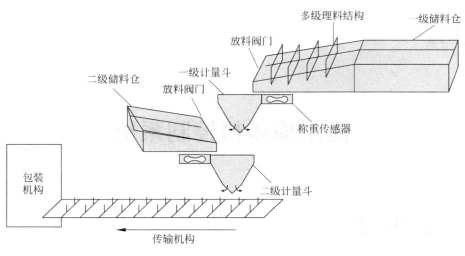

图 5-2　面条称重机结构原理图

② 按启动按钮，自动理料 3s 后进入运行状态，开启传输机构，开始传送，传送到位后等待下料。

③ 同时，一级储料仓挡门打开并开启一级储料仓的大振动，开始下料，当到达 400g 时大振动停止换成小振动，继续下料 80g 后，一级储料仓挡门关闭，同时一级计量斗的放料阀门打开 1s 后重新关上，面条落入二级计量斗中。此步骤循环执行。

④ 面条落入二级计量斗中后开启二级储料仓（二级储料仓本身机械设计使得物料下滑流量就比一级储料仓的小很多）的大振动和挡门，补充 15g 后换成小振动，继续补充 5g 后，二级储料仓挡门关闭，同时二级计量斗的放料阀门打开延时 1s 后重新关上，物料落入传输机构上，同时传输带前进，将称好的面条运走。此步骤循环执行。

⑤ 按下停止按钮，设备立即停止下料，所有挡板、下料阀关闭，停止理料。

⑥ 分别显示两级称料的实时状态。

⑦ 可累计产量。

工艺主体控制流程图如图 5-3 所示。

除了上述的具体控制要求外，实际项目中要求参数是可设的，即做好的设备可以进行不同规格（500g、1kg 等）的面条称量。另外，还包含很多系统、模块参数设置、偏差校正、非正常情况下报警保护、手动调试、实时监控以及用户要求的其他功能等。

二、相关知识

1. 称重传感器的应用

称重传感器实际上是一种将质量信号转变为可测量的电信号的输出装置，如图 5-4 所示。

项目五　面条称重机控制系统

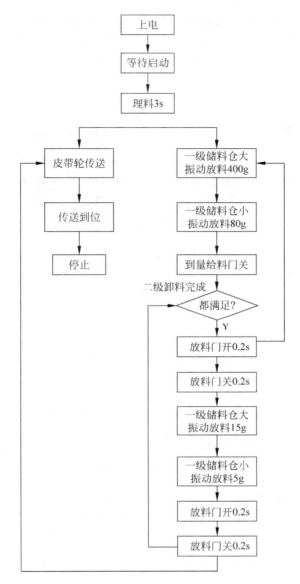

图 5-3　工艺主体控制流程图

图 5-4　称重传感器实物图

(1)称重传感器的工作原理

称量（压力）传感器是基于电阻应变效应原理工作的。在测量过程中，重量加载到称重传感器的弹性体上会引起塑性变形，应变（正向和负向）通过安装在弹性体上的应变片转换为电子信号。称重传感器工作原理图如图5-5所示。

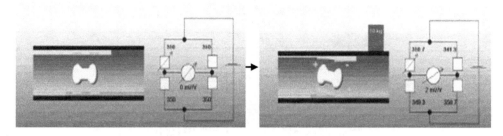

图5-5　称重传感器工作原理图

(2)称重传感器的接线

成套工业称重系统主要包括的部件及连接，如图5-6所示。

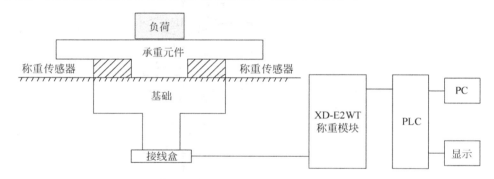

图5-6　成套工业称重系统示意图

信捷称重传感器与称重模块的接线如图5-7所示。

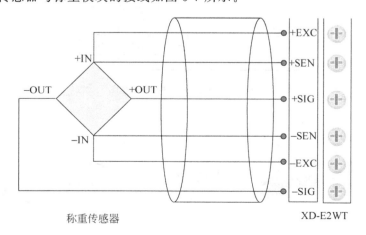

图5-7　信捷称重传感器与称重模块的接线图

（3）称重传感器的选型

称重传感器的选型应根据应用情况入手，从传感器支撑点的数量、量程、灵敏度、精度等级、环境适应性等几个方面进行选择。根据经验，一般应使称重传感器工作在其30%～70%量程内。

（4）称重传感器的应用场合

随着技术的进步，由称重传感器制作的电子传感器已广泛地应用到各行各业，实现了对物料的快速、准确的称量。特别是随着微处理机的出现，工业生产过程自动化程度的不断提高，称重传感器已成为过程控制中的一种必需的装置。从以前不能称重的大型罐、料斗等重量计测以及吊车秤、汽车秤等计测控制，到混合分配多种原料的配料系统、生产工艺中的自动检测和粉粒体进料量控制等，都应用了称重传感器。目前，称重传感器几乎运用到了所有的称重领域。

在高速公路的入口处建造载重检测支路，当载重卡车驶过动态称重桥时，称重传感器和电子称即自行检查判断，同时给出信号控制交通信号灯。这样就能很好地知道车辆有没有超重，从而考虑是否限制此车辆通行。这种应用在高速路上的称重传感器要求量程大，载重检测系统精度要求不是特别高，但是长期稳定性必须好，随着传感器和其他电子设备的发展，将会越来越智能化，从而实现无人控制就能阻止超重车辆通过，还能使车辆按重量收费。

本项目中称重传感器用于称量面条的质量，PLC根据采集的质量值控制其他各设备的运行。

2. 称重模块的使用

按图 5-7 所示接好线后，按图 5-8 配置称重模块。

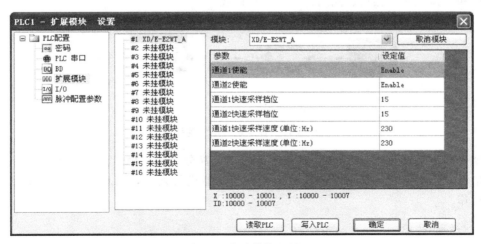

图 5-8　称重模块配置

然后对称重系统进行校准，步骤如下：

① 将秤盘放到称重传感器上，此时通过控制程序使 Y10002 导通，实现清零，去皮重。

② 在秤盘上放上标有重量的砝码，并通过 PLC 编程将砝码值写入，使 Y10003 导通，实现标定，完成后将砝码取出。注意：砝码值写入的单位与所需的单位保持一致，此项目

所需的单位为 g，则若所放砝码重量为 1 斤的话，需要输入的砝码值为 500。

至此，校准完毕，可以直接从 ID10002 中读取所测物体的重量值。

称重传感器校准程序如图 5-9 所示。

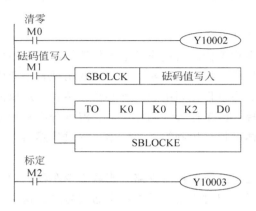

图 5-9　称重传感器校准程序

三、任务分析

1. 工作原理

如图 5-10 所示，面条称重机系统由一台 PLC、称重系统（称重模块和称重传感器）、触摸屏和其他机构（振动、阀门、传输等）构成。

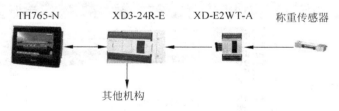

图 5-10　称重系统电气连接图

整个称重系统通过 24 位 AD 转换芯片模块，高分辨率、稳定地获取传感器产生的模拟量信号，然后快速、稳定地传输给可编程控制器进行处理，PLC 处理后再分配其他各机构动作。

2. 设计思路

一个好的控制系统，关键是要解决动态特性和稳态误差的关系。对于定量称重包装系统来说，两个关键问题就是称重精度和称重速度。

称重精度和称重速度这两项指标要综合考虑同时兼顾。定量称重过程含振荡、时差、非线性（落差）及随机干扰等因素，当加快称重速度时，称重传感器的欠阻尼振荡、物料冲击力及空中物料干扰等因素，都将进一步干扰称重精度，也使称重速度受到了限制。同时称重速度也是一项重要指标,在工艺流程中快速称重是必须的,设备改造前,面条称重机一般的称重速度为 24 包/min,现在提速到 28 包/min,更快的速度极大地提高了工作效率。

另外,在动态测量过程中,由于测量的重量始终在变化,因此会产生一个动态误差。当传感器受到一个重量时,重量已经由一个受力状态变为另一个状态,由于中间有一个过渡的过程,在这个过渡的过程中,测量值和实际重量值相差很大。

秤体振动也是一个比较难以克服的问题。由于定量包装秤采用电动阀门作为执行机构,当阀门动作时,秤体会产生剧烈的振动,秤体振动会带动计量斗振动,这种振动产生的干扰信号会加入到被测物料真实的信号中。

下料冲击量是指物料在下落到计量斗时产生的冲击重量,空中物料是指备料斗已经关闭时仍然运动在空中的物料。

总结这一系列的问题,其实可以综合成一句话:回零迅速、静态波动小、动态反应快。

如何解决这一问题?可以通过一系列的滤波算法,称重系统滤波框图如图 5-11 所示。

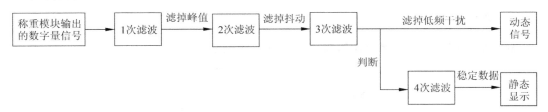

图 5-11 称重系统滤波框图

3. 产品选型

(1) 触摸屏选型
由于本项目中对触摸屏的要求很简单,故选择常用的信捷 TH765-N 触摸屏。

(2) PLC 选型
① 由于输入采用触摸屏替代按钮,只有光电开关和启动、停止按钮三个输入,故 PLC 的输入口个数不用考虑。
② 输出需要控制变频器以及多个气阀,不需要发脉冲,故可选择继电器输出类型的 PLC。
③ 由于称重模块是信捷 XD 系列的扩展模块,故需选信捷 XD 系列 PLC,根据项目中实际需要用到的输出点,最终选择信捷 XD3-24R-E 型 PLC。

(3) 称重传感器选型
本项目需要称量的物料分别最大为 480g 和 500g。加上量斗本身重量,最终选择型号为 ZEMIC-L6C-C3-10kg-2B/0.35P5 的称重传感器,其量程为 0.3~10kg,灵敏度为 2mV/V,精度等级为 C3,可以精确到 1g,能够满足任务要求。

4. I/O 分配

PLC 的 I/O 与外部元件的对应关系见表 5-1。

表 5-1 I/O 与外部元件的对应关系

输入	X0	定位光电
	X1	堵料光电
	X2	启动按钮
	X3	停止按钮
输出	Y0	一级大振动
	Y1	一级小振动
	Y2	二级大振动
	Y3	二级小振动
	Y4	一级给料门
	Y5	一级放料门
	Y6	二级给料门
	Y7	二级放料门
	Y10	理料电动机
	Y11	输送电动机

5. 系统接线

触摸屏、PLC、变频器的外部接线图如图 5-12 所示。

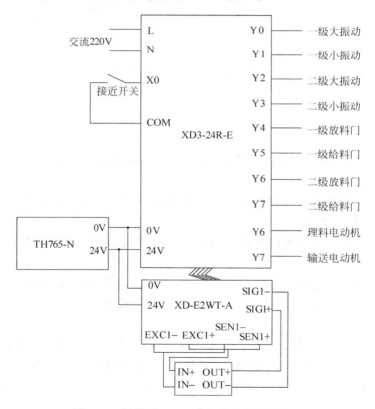

图 5-12 触摸屏、PLC 变频器的外部接线图

四、任务实施

1. 编写 PLC 程序

根据工艺控制要求,将 PLC 梯形图的框架构建好,如图 5-13 所示。

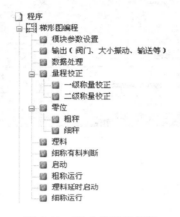

图 5-13 PLC 梯形图框架

2. 编写触摸屏程序

触摸屏的主运行界面如图 5-14 所示。

单击"用户菜单"按钮,可进入"用户菜单"界面,在此界面上可选择调用其他功能界面。用户菜单界面如图 5-15 所示,各子菜单界面如图 5-16 所示。

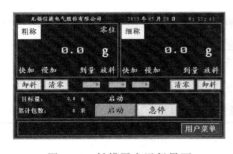

图 5-14 触摸屏主运行界面

图 5-15 用户菜单界面

3. 系统调试

① 按照图 5-12 所示的接线图将面条称重机上的所有需要 PLC 和称重模块控制的设备,以及需要 PLC 和称重模块采集的信号正确连接到 PLC 与称重模块上。

② 将梯形图程序下载至 PLC 中,配置模块信息后单击"运行"按钮,触摸屏程序下载至触摸屏中,并在触摸屏相关系统参数设置界面根据需要设置好参数。

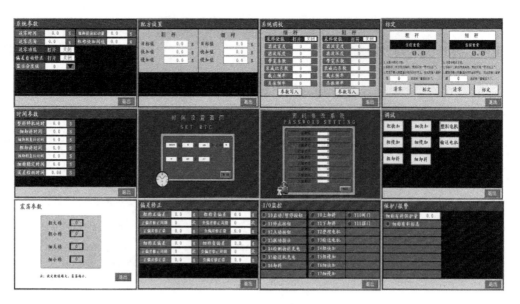

图 5-16 子菜单界面

③ 按照控制要求测试系统是否按照任务运行,并且触摸屏显示正确;若不是,则检查修改程序,直至达到任务要求。

④ 观察设备工作效果,若效果不好,调节相关系统参数,直到出现满意的效果。

五、知识拓展

1. 滤波

滤波一词起源于通信理论,它是从含有噪声或干扰的接收信号中提取有用信号分量的一种技术。

(1) 几种常见的滤波算法

几种经典通用的滤波算法见表表 5-2。

表 5-2　几种经典通用的滤波算法

序号	算法名称	方法	优点	缺点
1	限幅滤波法 (程序判断滤波法)	根据经验判断,确定两次采样允许的最大偏差值(设为 E) 每次检测到新值时判断: 如果本次值与上次值之差≤E,则本次值有效; 如果本次值与上次值之差>E,则本次值无效,放弃本次值,用上次值代替本次值	能有效克服因偶然因素引起的脉冲干扰	无法抑制周期性的干扰,平滑度差

续表

序号	算法名称	方法	优点	缺点
2	中位值滤波法	连续采样 N 次（N 取奇数），把 N 次采样值按大小排列，取中间值为本次有效值	① 能有效克服因偶然因素引起的波动干扰 ② 对温度、液位等变化缓慢的被测参数有良好的滤波效果	对流量、速度等快速变化的参数不宜采用此方法
3	算术平均滤波法	连续取 N 个采样值进行算术平均运算 N 值较大时，信号平滑度较高，但灵敏度较低 N 值较小时，信号平滑度较低，但灵敏度较高 N 值的选取：一般流量，$N=12$；压力，$N=4$	适用于对一般具有随机干扰的信号进行滤波。这样信号的特点是有一个平均值，信号在某一数值范围附近上下波动	① 对于测量速度较慢或要求数据计算速度较快的实时控制不适用 ② 比较浪费内存
4	递推平均滤波法（滑动平均滤波法）	把连续取 N 个采样值看成一个队列，队列的长度固定为 N 每次采样到一个新数据放入队尾，并扔掉原来队首的一次数据。（先进先出原则） 把队列中的 N 个数据进行算术平均运算，就可获得新的滤波结果 N 值的选取：流量，$N=12$；压力，$N=4$；液面，$N=4\sim12$；温度，$N=1\sim4$	① 对周期性干扰有良好的抑制作用 ② 平滑度高，适用于高频振荡的系统	① 灵敏度低，对偶然出现的脉冲性干扰的抑制作用较差 ② 不易消除由于脉冲干扰所引起的采样值偏差，不适用于脉冲干扰比较严重的场合，比较浪费内存
5	一阶滞后滤波法	取 $a=0\sim1$ 本次滤波结果 $=(1-a)\times$ 本次采样值 $+a\times$ 上次滤波结果	① 对周期性干扰具有良好的抑制作用 ② 适用于波动频率较高的场合	① 相位滞后，灵敏度低 ② 滞后程度取决于 a 值大小 ③ 不能消除滤波频率高于采样频率的 1/2 的干扰信号
6	消抖滤波法	设置一个滤波计数器 将每次采样值与当前有效值比较 如果采样值＝当前有效值，则计数器清零 如果采样值大于或小于当前有效值，则计数器＋1，并判断计数器是否大于或等于上限值 如果计数器溢出，则将本次值替换当前有效值，并清计数器	① 对于变化缓慢的被测参数有较好的滤波效果 ② 可避免在临界值附近控制器的反复开/关跳动或显示器上数值抖动	① 对快速变化的参数不宜 ② 如果在计数器溢出的那一次采样到的值恰好是干扰值，则会将干扰值当作有效值导入系统
7	IIR 数字滤波器	确定信号带宽，滤之。 $Y(n)=a_1\times Y(n-1)+a_2\times Y(n-2)+\cdots+a_k\times Y(n-k)+b_0\times X(n)+b_1\times X(n-1)+b_2\times X(n-2)+\cdots+b_k\times X(n-k)$	高通，低通，带通，带阻任意。设计简单（用 Matlab）	运算量大

除了表 5-2 列出的这些滤波算法，还可以将一些算法进行组合，从而取长补短，达到更理想的滤波效果。例如，中位值平均滤波法（防脉冲干扰平均滤波法），相当于"中位值滤波法"＋"算术平均滤波法"。这种算法融合了两种滤波法的优点，对于偶然出现的脉冲性干扰，可消除由于脉冲干扰所引起的采样值偏差；再比如限幅平均滤波法，相当于"限幅滤波法"＋"递推平均滤波法"。又如限幅消抖滤波法，相当于"限幅滤波法"＋"消抖滤波法"等。

另外，除了将算法组合，还可以对算法进行改进，例如加权递推平均滤波法，就是对递推平均滤波法的改进。

（2）滤波算法在 PLC 系统中的实现

滤波算法一般是集成在设备底层的，但是某些特殊场合，已集成的滤波算法不能满足滤波要求的情况下，一般可以采用两种方法来实现滤波。

以递推平均滤波法为例，要求 PLC 每 100ms 采集一次模拟量输入值，将采集到的 20 位值作平均运算，并不断舍弃最早的值，求出的平均值即为滤波值。

① 梯形图中调用 C 函数。

梯形图如图 5-17 所示。

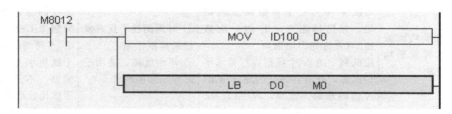

图 5-17 梯形图中调用 C 函数

函数名为 LB 的 C 函数编写程序如图 5-18 所示。

```c
void LB( WORD W , BIT B )
{
    int i,j,n,sum,mean;
    W[470]=W[0];
    for(i=0;i<19;i++)
    {
        W[531+i]=W[560+i];
    }
    for(j=0;j<19;j++)
    {
        W[560+j]=W[530+j];
    }
    W[470]=W[549];
    for(n=0;n<20;n++)
    {
        sum=W[530+n];
    }
    mean=sum/20;
}
```

图 5-18 LB 的 C 函数编写程序

② 纯梯形图。

全部用梯形图来完成的话，算法的实现如图 5-19 所示。

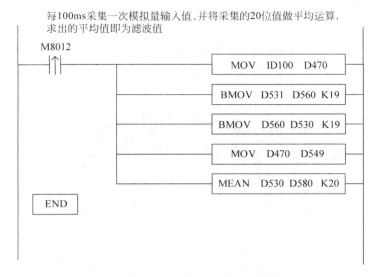

图 5-19　全部用梯形图的算法实现

说明：

- 辅助继电器 M8012 是以 100ms 的频率周期振荡的，题目要求每 100ms 采集一次，则用该辅助继电器的上升沿作为触发条件即可实现。
- 设定在 1#模块位置安装 XC-E8AD，并从 0CH 通道采集信息。
- 设定将采集到的当前值存放在寄存器 D470，并按照先后顺序将连续采集到的 20 个数值存放在寄存器 D530～D549。
- 对 D530～D549 的 20 个数值做求平均值运算，将运算结果保存在寄存器 D580 中，该值即为滤波值。
- 滤波效果如图 5-20 所示。

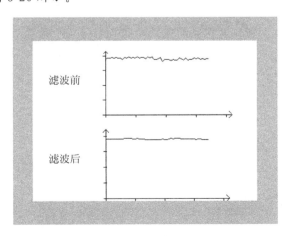

图 5-20　滤波效果

思考与练习五

触摸屏上任意输入 5 个三位整数，单击"运算"按钮后，将这 5 个数按照从小到大的顺序排列，并计算出除去最大值和最小值以后中间三个数的平均值，精确到小数点后 1 位。触摸屏界面如图 5-21 所示。

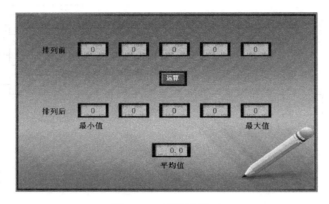

图 5-21 触摸屏界面

项目六

三伺服枕式糖果包装机控制系统

一、任务提出

枕式包装机是一种卧式三面封口，能自动完成制袋、填充、封口、切断、成品等工序的包装设备，广泛应用在食品、日用化工、医药等行业自动化生产线的流水包装上。枕式包装机适应的包装物一般为块状、筒状规则物品，如饼干、蛋糕、面条、化妆品、纸巾、糖果等。

糖果包装机是包装机械中的一种，是一款专用于进行糖果包装的机械，实用性非常强。

糖果包装机实物图如图 6-1 所示。

图 6-1　糖果包装机实物图

糖果包装机结构复杂，除了包含运动控制系统外，还包含温度控制（用于封装）、振动盘控制（用于使糖果分颗粒进入送料结构）等其他控制系统，但是其他控制系统相对独立和简单，本项目重点介绍运动控制系统。

糖果包装机系统结构示意图如图 6-2 所示。

由图 6-2 中可以看出，横切轴、送膜轴和送料轴三轴都是由独立的伺服电机控制的。

M1（送膜）：送膜轴为系统主轴，控制薄膜的输出，送膜轴上的色标传感器在每个色标信号到来时触发，通过记录两次触发期间送膜轴的脉冲数计算出实际袋长，从而对机械

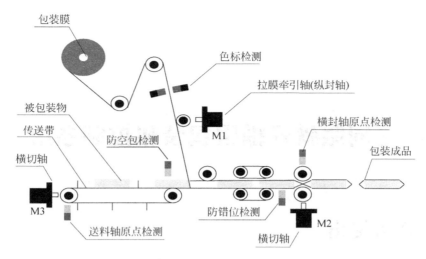

图 6-2 糖果包装机控制系统结构示意图

滑差进行补偿。

M2（切刀）：切刀以凸轮曲线的形式跟随主轴纵向切断薄膜，切割长度直接由触摸屏设定。切刀伺服设置了力矩限制，能自动判断故障（切到料）。

M3（送料）：送料以比例的形式跟随主轴。送料入端口装有光电开关，能做有无料和是否是连续料判断，从而控制前面的送膜、切刀启动和暂停，提高了包装的准确性。

其中，最主要的运动工艺要求是，横封刀轴在封膜的瞬间速度必须与送料膜的速度保持一致，如有偏差就会出现拉断塑料膜或者造成塑料膜在横封时堆积，从而产生不合格包装产品。

包装机电气控制具体要求如下：

① 具有定长和定标两种模式，可以任意切换。

② 定长模式下袋长可以任意设置，从几厘米到几米都可，PLC 内的凸轮函数会自动计算，无须任何机械调节。设备切割固定的长度。

③ 定标模式下，横封刀轴每转一圈，送膜轴要带着塑料膜走过一个袋长（两个色标之间的距离），同时送料轴的机械终端要正好送完一块物料。这个过程三轴要时刻保持同步，否则包装出来的产品有可能切断物料，有可能横封的位置错误。即要求每一刀都切在切割点上，如图 6-3 和图 6-4 所示。

图 6-3 糖果包装切割点（黑色标）

图 6-4 糖果包装切割点（白色标）

④ 能自动计算出料位，实现系统初始化后的一键启动，真正零浪费，且能在运行中微调切割点和入料位置。

⑤ 可统计产量以及设备运行时间。

⑥ 具有物料错位防切以及空槽检测功能。

除了上述的具体控制要求外，实际项目中，很多是要求参数可设的，即做好的设备，可以进行不同产品的包装。另外，还包含很多系统、驱动器参数设置，喷码功能设定，非正常情况下报警保护，手动调试，实时监控以及用户要求的其他功能等。

二、相关知识

（一）色标传感器

1. 色标传感器的工作原理

色标传感器采用光发射接收原理，发出调制光，不同颜色的物体接收被测物体的反射光具有不同的反射率。色标传感器根据接收光信号的强弱来区分不同的颜色，或判别物体的存在与否。在包装机械、印刷机械、纺织及造纸机械的自动控制系统中作为传感器与其他仪表配合使用，对色标或其他作为标记的图案色块、线条或物体的有无进行检测，可实现自动定位、定长、辨色、纠偏、对版、计数等功能。

色标传感器实物图如图 6-5 所示。

色标传感器的工作原理框图如图 6-6 所示。

图 6-5　色标传感器实物图

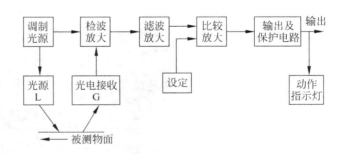

图 6-6　色标传感器工作原理框图

光源 L 发出调制脉冲光，光电接收元件 G 接收物体的反射光信号，并转换为电信号，然后经检波、放大、滤波、比较放大、驱动而输出高低电平信号。

2. 色标传感器的安装与接线

不同型号的色标传感器使用方法稍有差别，具体可以参照相关说明书，下面以本任务所用的 GDJ211 型色标传感器为例来说明色标传感器的用法。

① 接线：GDJ211 型色标传感器引出线有 5 根，其中，红线接电源正极，蓝线接电源负极；白线为高通输出线，黄线为暗通输出线，这两条线作为传感器的 NPN 型开关量输出，用户可根据需要，选取其中的一根，另一根空着不用，但应做绝缘处理；黑色线为外壳接地屏蔽线，各线不允许短接或接错。GDJ211 型色标传感器与信捷 XDM-32T4-E 型 PLC 的接线图如图 6-7 所示。

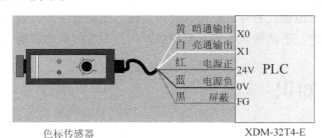

图 6-7　GDJ211 型色标传感器与信捷 XDM-32T4-E 型 PLC 的接线图

② 安装：传感器垂直安装在被检测物的上方。传感器上、下应有 8mm 距离可调。

③ 灵敏度调整：首先调整传感器上、下位置，使投身于被测面上的光点最清晰、最亮为止；然后将光点对准色标，顺时针调节灵敏度旋钮，使绿灯处于刚刚灭的状态，记录此时旋钮所指示的位置（假设记为 A）；再将光点对准底色，逆时针调节灵敏度旋钮，使绿灯处于刚刚灭的状态，记录此时旋钮所指示的位置（假设记为 B）；最后将旋钮调节在 AB 中间位置后即可。

注意：灵敏度调节旋钮大多是多圈电位器，除了记录下 A、B 的位置外，还要记录 A 到 B 总共旋转了几圈。

④ 注意事项：使用时，在传感器附近避免强电场和强高频光干扰；当透镜脏污时，应使用软的棉布轻擦，切勿用硬物擦拭，防止损坏镜面，切勿用力拉扯传感器引出线。

本项目中色标传感器在糖果包装机中的安装位置如图 6-8 所示。

图 6-8　色标传感器在糖果包装机中的安装位置

3. 色标传感器的选型

色标传感器的前期判断主要指标如下。

① 色标宽度：通常情况下，要求色标宽度大于 2mm。

② 色标颜色的选定：色标颜色的选定很重要，要求与底色反差很大，这样可保证检测的可靠性。

③ 色标的运行线速度：连续检测两个色标的时间间隔应大于传感器的响应时间。例如本项目使用的 GDJ211 色标传感器的响应时间为 $100\mu s$，故连续检测两个色标的时间间隔应大于 $100\mu s$。

④ 检测光源的选定：检测光源主要根据色标和底色来确定，见表 6-1。

表 6-1 根据色标和底色选定检测光源

底色＼色标	黑	红	黄	绿	蓝	白
黑		R	R, G, W	G	B	R, G, B, W
红	R		G, W	R, G	R, B	G, B, W
橙	R, G, W	G, W		R, W	R, G, B, W	B
黄	R, G, W	G, W		R, G, W	R, G, B, W	B
绿	G	R, C	R, G, W		G, B	R, G, B, W
蓝	B	R, B	R, G, B, W	G, B		R, G, W
白	R, G, B, W	G, B, W	B	R, G, B, W	R, G, W	

注：R 为红色检测光源，G 为绿色检测光源，B 为蓝色检测光源，W 为白色检测光源。

⑤ 输出形式：通常色标传感器的输出形式有开关量输出和模拟量连续输出，本项目只需要当检测到色标时发出一个开关量信号，故选择开关量输出即可。

⑥ 外形尺寸和引线长度：根据机械设备选择合适的尺寸和引线。

4. 色标跟踪控制技术的应用领域

色标追踪功能是当色标相位与切割相位之间的相位关系发生变化，且变化量超过预设值时，启动补偿装置进行补偿，使其恢复到预设的相位关系。常用于制袋机、切片机、枕式包装机、饮料流水线中的套标机等包装设备中。

（二）特色功能介绍

新型三伺服包装机是集机、电、光、声、磁等为一体的高技术、高智能、高竞争的产品。其运动控制器的运算功能强大，在能够充分满足正常包装要求和精度的前提下，还能够实现传统包装机所实现不了的特色功能。物料错位防切功能、空槽检测功能、电子凸轮等，这些特色功能的实现极大提升了自动包装机的包装效率，提高了原材料利用率和包装机的自动化水平。

1. 物料错位防切功能

防切功能又称包装物错位不切功能，是指包装机在包装过程中可对物料位置进行实时检测，如发现物料错位、物料过长、同一拨叉内放多个物料等现象，则横封刀轴在物料传送到横封刀切之前停止转动，而膜轴和槽轴继续运行，直到将错位物料让出后，三轴再同时自动开车，避免了横封刀切物现象的发生。如发生连续错位现象，则设备自动停车，提示对入料点进行调整。物料错位示意图如图6-9所示。

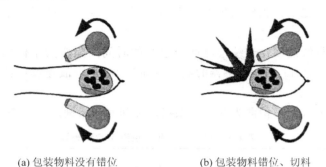

(a) 包装物料没有错位　　　　(b) 包装物料错位、切料

图6-9　物料错位示意图

该功能不但提高了包装效率，而且对于硬度比较高的材质的物料包装，该功能可以保护横封刀不切到错位物料，从而保护横封刀免受机械损伤。因此，物料错位防切功能对整个自动包装机的应用来说是一个不可或缺的功能，是自动包装机向智能化发展的必然趋势。

物料错位防切传感器安装示意图如图6-10所示。

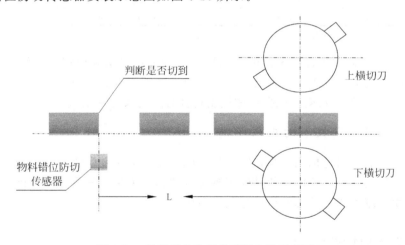

图6-10　物料错位防切传感器安装示意图

该功能是通过三轴独立控制运动实现的，这也充分体现通用运动控制器的功能强大、智能集成化水平高、应用广泛等特点。

2. 空槽检测功能

空槽检测功能，也是新型三伺服自动包装机的一个特色功能，是自动化水平在包装机中应用的展现。通过空槽检测传感器检测拨叉是否缺料，如果有空料拨叉，则运行到成型器位置时，横封刀轴与包装膜轴停止运动，送料轴继续运动将空料拨叉让过去，然后包装机的三轴匹配继续之前的包装运动，此功能能够让包装机包装出来的成品无空包。

图 6-11 所示为空槽检测功能示意图。

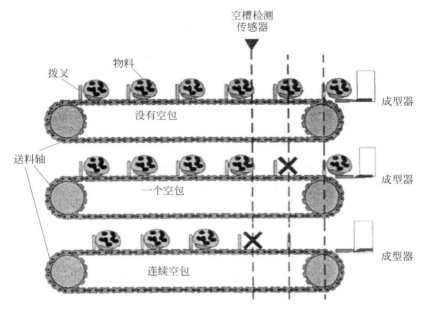

图 6-11 空槽检测功能示意图

检测传感器装在与成型器相距三个拨叉距离的位置上，其目的是在高速包装时如果检测到空包可实现立即停车，以克服伺服电机不及时响应的现象。预留出这段距离的目的是采用逐级降速的方法，可以使横封刀轴与包装膜停车过程平稳，实现高速包装过程中也能及时准确地处理空包情况的功能。

但是由于该功能是要停止横封刀轴与包装膜轴的运动，所以在生产线高速包装运行、不经常出现空包且不适合频繁启停的场合，不建议使用防空包检测功能，如果使用有时反而会降低生产效率。此功能可以使用在生产线经常出现空包情况或要求包装成品空包尽可能少时，才能够充分发挥该功能的优势。

3．电子凸轮

传统枕式包装机为了实现横封刀轴与膜轴的同步切膜，大部分通过机械凸轮机构实现。凸轮机构能将旋转运动转换为预期的间歇直线往复运动或往复摆动。但是凸轮机构在包装机的实际应用中也存在很多局限性。随着科技进步和数字伺服技术的出现，在传动及控制系统中，可以利用电子凸轮代替传统的机械凸轮，实现各种复杂的往复运动。电子凸轮是以伺服运动控制技术为基础，并结合先进的微处理器，通过数字化系统模拟机械凸轮的功能。

电子凸轮系统的构成如图 6-12 所示。

轮切电子凸轮的基本构成包括刀辊轴、进给轴、检测元件、控制单元及电机。另外，根据加工产品的不同还需要色标。刀辊每旋转一圈完成一次剪切，测量辊测量材料的长度，控制单元根据预先设计的凸轮曲线控制刀辊的运动，使得刀刃与材料进入啮合时，通过的材料的长度正好是所需要的长度，从而完成一次精确的定长剪切。

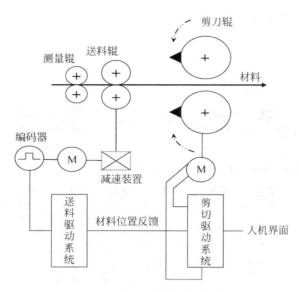

图 6-12 轮切电子凸轮系统的构成

电子凸轮的优点：

① 电子凸轮系统不存在机械凸轮系统中的惯性应力、弹性变形、刚性冲击力等各种机械接触破坏，故响应速度快，因此更能适合高速运动传动场合。

② 电子凸轮系统不存在磨损，凸轮传动曲线形状只要设计完成就不会改变，因而从动件重复实现预期运动的精度更高，稳定性更好。

③ 可以方便地更改运动传动曲线，通过更改相关的运动参数就可以实现不同的运动传动曲线，大大降低生产安装更换成本。

④ 如果膜长改变的话，那么滚刀的速度就要改变，以凸轮同步方式跟随送膜轴进行同步运动。凸轮运动曲线如图 6-13 所示。

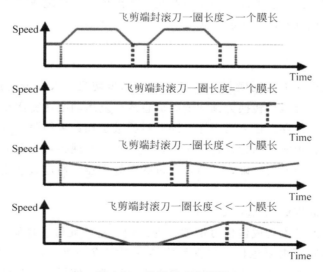

图 6-13 凸轮运动曲线图

(三) 伺服系统

1. 伺服系统的工作原理

伺服系统是自动控制系统的一类，它的输出变量通常是机械或位置的运动。它的根本任务是实现执行机构对给定指令的准确跟踪，即实现输出变量的某种状态能够自动、连续、精确地复现输入指令信号的变化规律。由图 6-14 可以看出，输入信号传送给控制器 PLC 后，PLC 发命令（如脉冲个数，固定频率的脉冲等）给伺服驱动器，伺服驱动器驱动伺服电机按命令执行，通过旋转编码器反馈电机的执行情况与接收到的命令进行对比并在内部进行调整，使其与接收到的命令一致，从而实现精确的定位。

它与一般的反馈控制系统一样，也是由控制器、被控对象、反馈测量装置等部分组成。伺服半闭环控制系统框图如图 6-14 所示。

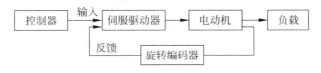

图 6-14 伺服半闭环控制系统框图

2. 接线

要使伺服系统能够安全无误地运行，正确的接线、布线方式是前提条件。伺服驱动器和伺服电机的实物如图 6-15 所示。伺服驱动器端子排布如图 6-16 所示。

这里先介绍一下在伺服驱动器与伺服电机接线、布线的过程的注意事项。

(1) 电源输入接线

信捷"-AS"系列伺服驱动器的电源既可接三相交流 220V 电源输入，也可以接单相交流 220V 电源输入。

图 6-15 伺服驱动器与伺服电机

在接入单相交流 220V 电源时，选取驱动器上 L1、L2、L3 三个电源端子中的任意两个，分别接入火线、零线即可，如图 6-17 所示。

通常，工厂配电为三相交流 380V 电源，在提供单相交流 220V 电源给伺服驱动器时，必须接一根火线、一根零线，若接入两根火线，则相当于接入了 380V 电源，会直接损坏驱动器。

若选择使用三相交流 220V 电源输入，则需要一台三相 380V 转 220V 的变压器。

(2) 动力输出接线

动力输出线指的是驱动器与电机的接线，动力输出线接线图如图 6-18 所示。

如图 6-18 所示，将电机与驱动器连接时，延长线驱动器侧必须将电机的 U、V、W、PE 与驱动器上的端子一一对应，不可以交叉，否则将导致电机堵转或飞转。

动力延长线颜色与电机相线对应关系见表 6-2。

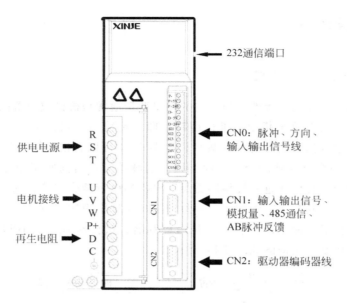

图 6-16　伺服驱动器端子排布

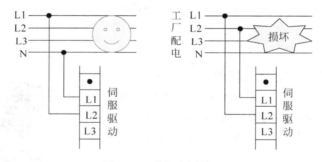

图 6-17　单相电源输入

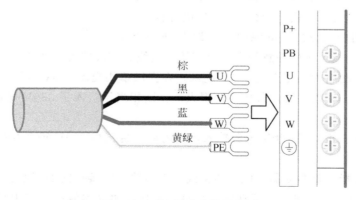

图 6-18　动力输出接线示意图

表 6-2 动力延长线颜色与电机相线对应关系

相线	颜色
U	棕
V	黑
W	蓝
PE	黄绿

动力延长线电机侧采用插头连接（1kW 以上采用航空插头），在进行连接时，注意是否可靠牢固。

(3) 编码器信号连接

编码器延长线，可直接使用，免去制作的麻烦。连接时，要注意将驱动器侧插头的紧固螺丝拧紧，避免工作中因振动导致插头松动。

(4) 控制信号连接

位置模式可分为内部指令位置模式（P0－01＝5）和脉冲指令位置模式（P0－01＝6），这里以常用的脉冲指令位置模式为例进行介绍。

伺服驱动器与信捷 PLC（支持脉冲输出的型号）典型接线如图 6-19 所示。

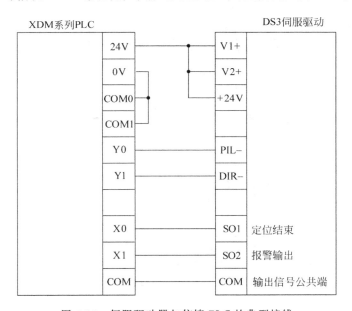

图 6-19 伺服驱动器与信捷 PLC 的典型接线

按照图 6-19 所示接线，伺服设置为上电运行（P5-10＝n.0010），伺服接收到脉冲就可以转动，伺服驱动器输出的两个信号为默认的定位结束信号（/COIN）和报警输出信号（/ALARM）。

注意：图 6-19 中只表明了信号连接的对应关系，并没有按照实物的端子排列。接线时注意将 PUL＋、DIR＋悬空。

(5) 通电前的检查

通电之前先检查驱动器接线是否有误，尤其是电源输入端子和动力输出端子接线是否有误，如果现场有多台同样的伺服驱动，确认驱动、电机、编码器线、动力线是否是一一对应的。

2. 试运行

(1) 空载试运行

空载试运行是指，在电机没有与机械连接的情况下，进行的试运行操作。其主要目的是为了确定驱动器及电机无故障，同时检验接线的正确性。空载试运行流程图如图 6-20 所示。

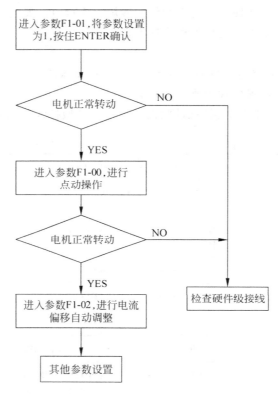

图 6-20　空载试运行流程图

(2) 带载试运行

带载试运行指的是，将电机与机械传动装置连接以后，进行的针对伺服系统的试运行工作。其主要目的是，检查电气线路的正确性以及传动装置的连接状态，同时确定传动方向。

3. 面板按键说明

伺服驱动器面板按键说明见表 6-3。

表 6-3 伺服驱动器面板按键说明

按键名称	功　能
STATUS/ESC	短按：状态的切换，状态返回
INC	短按：显示数据的递增 长按：显示数据的连续递增
DEC	短按：显示数据的递减 长按：显示数据的连续递减
ENTER	短按：移位；长按：进行设定和查看数据

（1）开环试运行具体操作步骤

开环试运行具体操作步骤如图 6-21 所示。

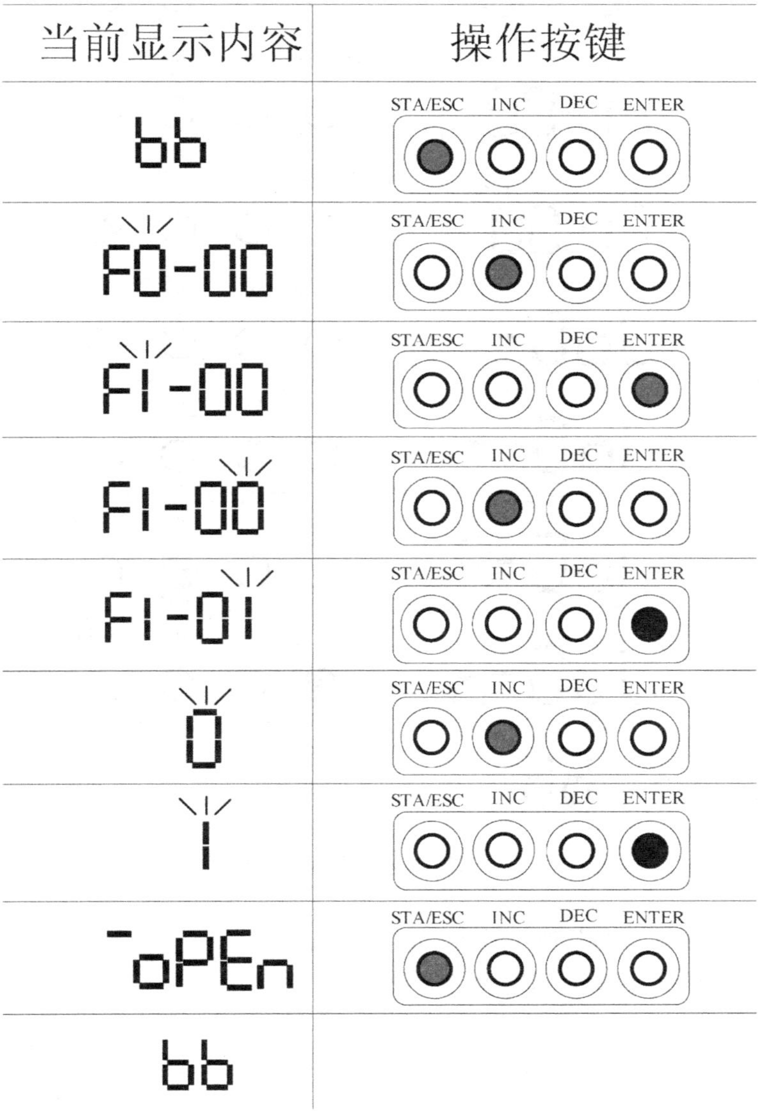

当前显示内容	操作按键
bb	STA/ESC● INC○ DEC○ ENTER○
F0-00	STA/ESC○ INC● DEC○ ENTER○
F1-00	STA/ESC○ INC○ DEC○ ENTER●
F1-00	STA/ESC○ INC● DEC○ ENTER○
F1-01	STA/ESC○ INC○ DEC○ ENTER●
0	STA/ESC○ INC● DEC○ ENTER○
1	STA/ESC○ INC○ DEC○ ENTER●
⁻oPEn	STA/ESC● INC○ DEC○ ENTER○
bb	

图 6-21 开环试运行操作步骤

(2) 点动 (JOG) 运行具体操作步骤

点动 (JOG) 运行具体操作步骤如图 6-22 所示。

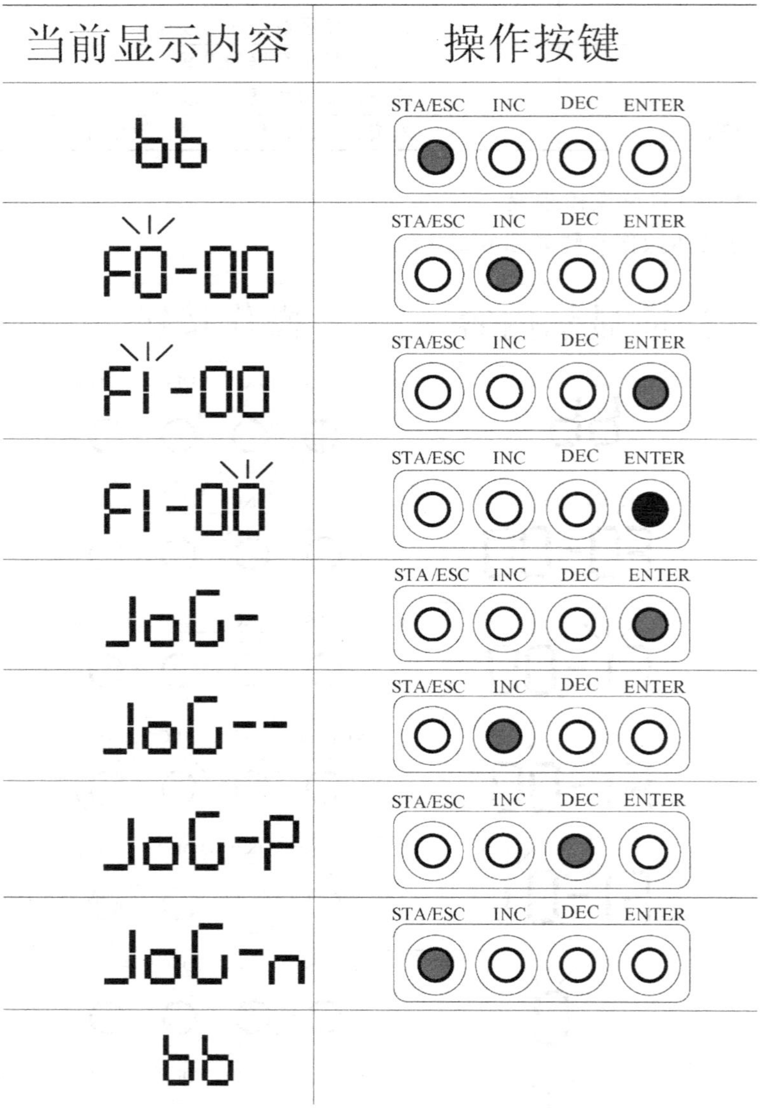

当前显示内容	操作按键
bb	STA/ESC ● INC ○ DEC ○ ENTER ○
F0-00	STA/ESC ○ INC ● DEC ○ ENTER ○
F1-00	STA/ESC ○ INC ○ DEC ○ ENTER ●
F1-00	STA/ESC ○ INC ○ DEC ○ ENTER ●
JoG-	STA/ESC ○ INC ○ DEC ○ ENTER ●
JoG--	STA/ESC ○ INC ● DEC ○ ENTER ○
JoG-P	STA/ESC ○ INC ○ DEC ● ENTER ○
JoG-n	STA/ESC ● INC ○ DEC ○ ENTER ○
bb	

图 6-22 点动运行操作步骤

(3) 电流偏移量自调整具体步骤

电流偏移量调整操作步骤如图 6-23 所示。

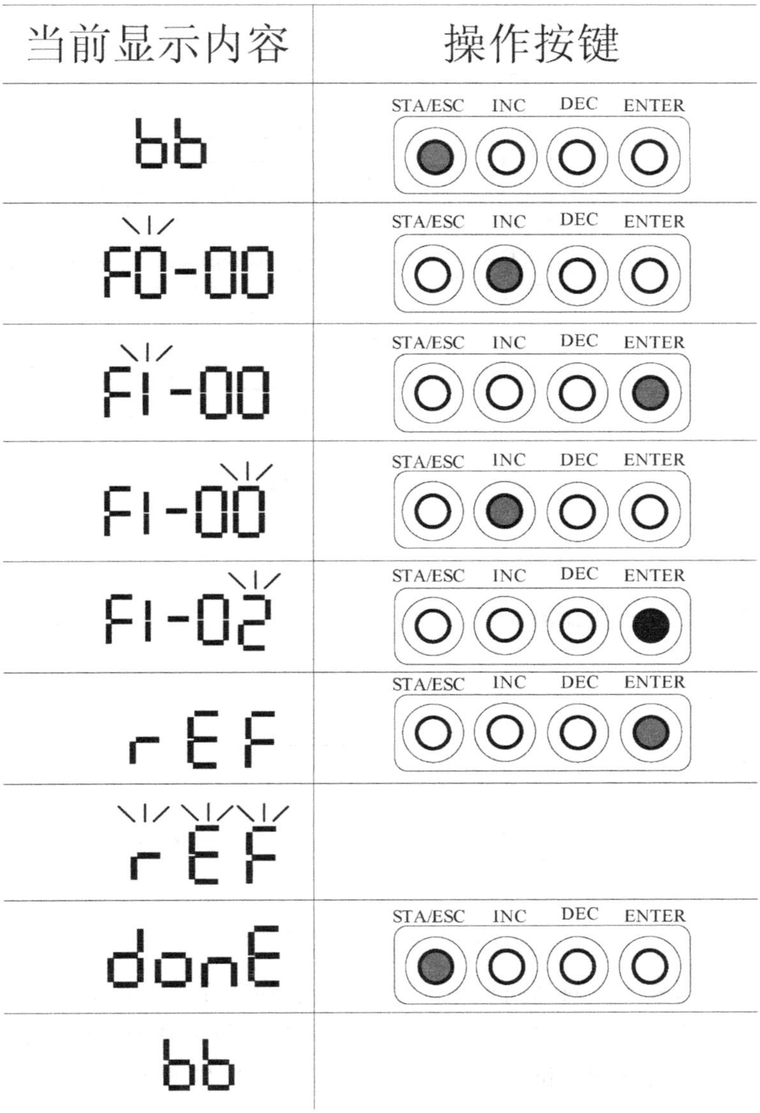

当前显示内容	操作按键
bb	STA/ESC● INC○ DEC○ ENTER○
F0-00	STA/ESC○ INC● DEC○ ENTER○
F1-00	STA/ESC○ INC○ DEC○ ENTER●
F1-00	STA/ESC○ INC● DEC○ ENTER○
F1-02	STA/ESC○ INC○ DEC○ ENTER●
rEF	STA/ESC○ INC○ DEC○ ENTER●
rEF (闪烁)	
donE	STA/ESC● INC○ DEC○ ENTER○
bb	

图 6-23 电流偏移量调整操作步骤

三、任务分析

1. 工作原理

三伺服枕式包装机系统集成了可编程逻辑控制器、触摸屏、伺服控制系统等所常用模块，控制原理框图如图 6-24 所示。

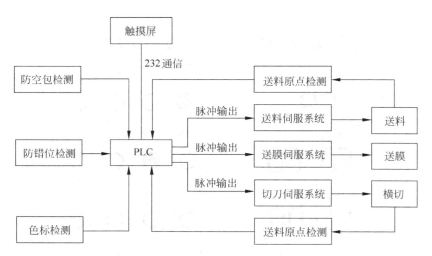

图 6-24 包装机控制原理框图

2. 设计思路

糖果包装机工艺流程图如图 6-25 所示。

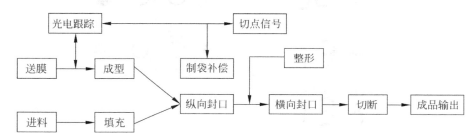

图 6-25 糖果包装机工艺流程图

枕式包装机的送膜和进料是同步进行的,由色标检测和接近开关分别对送膜和送料的位置进行检测,薄膜经成型器成型后变为筒膜,并进行纵向热封,同时物料被送进筒膜内,一起向前经过横封横切部位。成型器机械构造如图 6-26 所示。

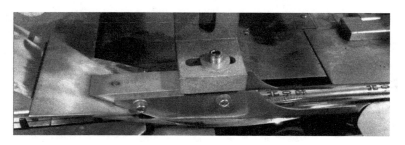

图 6-26 成型器机械构造

由回转式或往复式的横封横切刀对筒膜进行横向封切,输出包装成品。横向封切装置如图 6-27 所示。

图 6-27 横向封切装置

另外,实际应用过程中,运行速度非常快,此时从 PLC 发出指令到机械动作的响应时间就不容忽视,故需要用编码器实时监测送膜的位置以及速度,进行包装补偿。

3. 产品选型

(1) PLC 选型

① 输入采用触摸屏替代按钮,另外需要接编码器、接近开关等,共需 11 个输入口,并支持高速计数功能。

② 输出需要控制三台伺服,故需三个高速脉冲输出口。

③ 由于速度要求快,所以对 PLC 的运行速度要求也很高,故采用新型的 XD 系列的 PLC,CPU 运行速度是 XC 系列 PLC 的十倍。

综上,选择了信捷 XDM-32T4-E 型号的 PLC。

(2) 触摸屏选型

由于此项目对触摸屏的要求较低,故需选择常用的人机界面即可,在此选择信捷 TG765-MT 触摸屏。

(3) 伺服选型

先根据具体机械结构算出带动机械结构所需的力矩,选出相对应的伺服系统的功率为 750W。由于设备对系统的响应性要求很高,故选用全新的 DS3 系列高性能伺服驱动器,相对于 DS2 系列,DS3 有着更快的响应速度和更优化的算法控制。

综上,选择了信捷 DS3-20P7-PQA 型号伺服驱动器,既支持脉冲控制,又支持总线控制。

(4) 色标传感器选型

根据色标传感器的选型原则,结合本项目中包装的糖果纸色标以及底色,本项目选择了 GDJ-211 型号的色标传感器:绿色光源,NPN 型开关量输出,引线 2m。

4. 参数设置

伺服驱动器参数设置见表 6-4。

表 6-4 伺服驱动器参数设置

参数名称	设定值	说　　明
P0-01	6	运行模式设置为位置模式（脉冲控制）
P5-10	10	设定伺服上电使能
P0.17	0.1	由于负载较小，为方便观察效果，将加速时间设置最小
P0.18	0.1	由于负载较小，为方便观察效果，将减速时间设置最小

5. I/O 分配

PLC 软元件分配表见表 6-5。

表 6-5 PLC 软元件分配表

功　　能	软元件编号	功　　能	软元件编号
送膜编码器 A 相	X0	送膜脉冲	Y0
送膜编码器 B 相	X1	送膜方向	Y3
送料原点检测	X2	送料脉冲	Y1
切刀原点检测	X3	送料方向	Y4
防错位检测	X4	切刀脉冲	Y2
防空包检测	X5	切刀方向	Y5
色标检测	X6		

6. 系统接线

PLC 外部接线图如图 6-28 所示。

四、任务实施

1. 编写 PLC 程序

根据工艺控制要求将 PLC 梯形图的框架构建好，如图 6-29 所示。

2. 编写触摸屏程序

触摸屏的主运行界面如图 6-30 所示，各子菜单界面如图 6-31 所示。

除此之外，还可按照用户的要求编写异常报警界面密码验证界面，设备运行一段时间后，需要解密后方可正常工作。密码验证界面如图 6-32 所示。

3. 系统调试

① 按照图 6-28 所示的接线图将相关设备正确连接好。

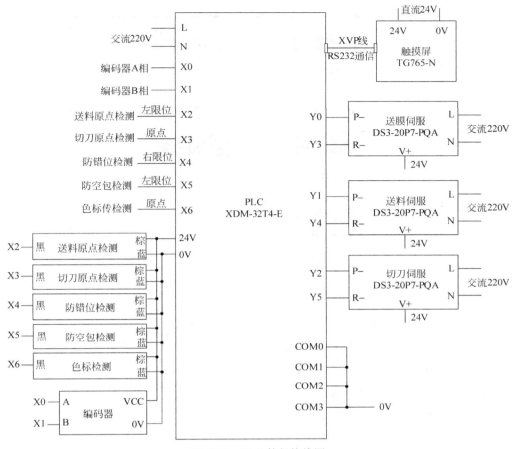

图 6-28 PLC 外部接线图

图 6-29 PLC 梯形图框架

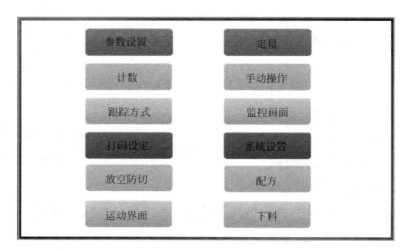

图 6-30 触摸屏主运行界面

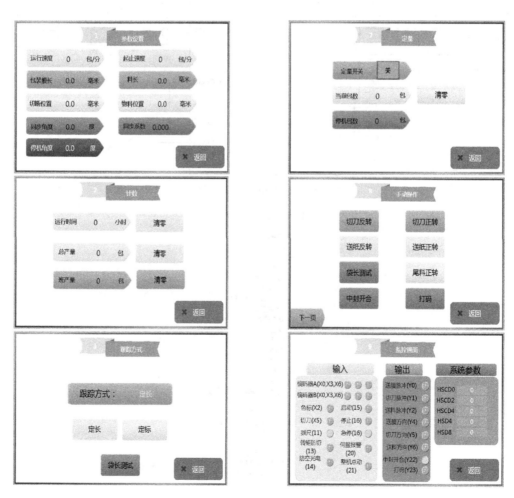

图 6-31 子菜单界面

178

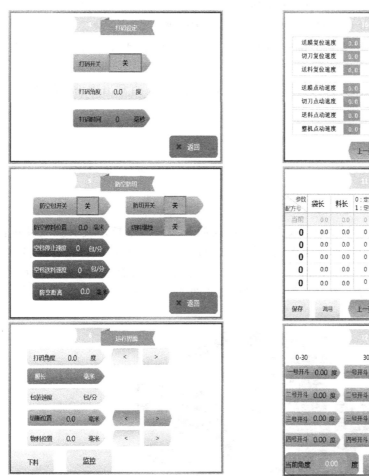

图 6-31 （续）

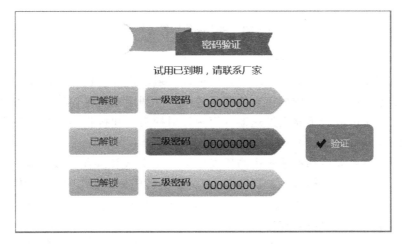

图 6-32 密码验证界面

② 将梯形图程序下载至 PLC 中，配置模块信息后单击"运行"按钮，触摸屏程序下载至触摸屏中，并在触摸屏相关系统参数设置界面根据需要设置好参数。

③ 按照控制要求测试系统是否按照任务运行，并且触摸屏显示正确，若不是则应检查和修改程序，直至达到任务要求。

④ 观察设备工作效果，若效果不好，调节相关系统参数，直到出现满意的效果。

五、知识拓展

1. 超声波传感器

声波是一种机械波，频率大于 20kHz 的声波属超声波。产生超声波和接收超声波的装置即为超声波传感器，也被称为超声波换能器或超声波探头。超声波探头有许多不同的结构，可分为直探头（纵波）、斜探头（横波）、表面波探头（表面波）、双探头（一个探头反射、一个探头接收）等。超声波传感器实物图如图 6-33 所示。

图 6-33　超声波传感器实物图

（1）超声波传感器的工作原理

超声波传感器主要由压电晶体组成，既可以发射超声波，也可以接收超声波。它利用压电晶体的压电效应，将机械能与电能互相转换，并利用波的传输特性，实现对各种参量的测量。因此，超声波传感器由发送器（简称发射探头）和接收器（简称接收探头）两部分组成，如图 6-34 所示。

一个典型的超声波传感器系统由高压发生器、压电式转换器（发射器和接收器）、信号处理器、输出级等部分构成，如图 6-35 所示。受高压发生器 1 激发，转换器（发射器和接收器）2 产生一组脉冲超声波（40～500kHz），该超声波以音速在环境空气中传输。当碰到一个物体时，该超声波被反射回来并传送到转换器。信号处理器 3 分析接收到的信号并且计算信号发射到接收之间的传输时间，与预设或记忆时间比较，装置 4 确定并输出信号。输出装置 4 控制一个固态开关（PNP 或 NPN 型晶体管），与一个常开或常闭触点相连。

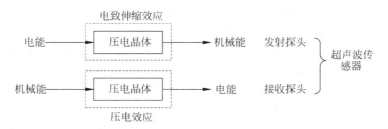

图 6-34 超声波传感器原理框图

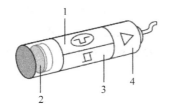

1—高压发生器；
2—压电式转换器（发射器和接收器）；
3—信号处理器；
4—输出级

图 6-35 超声波传感器系统构成

传感器的结构可使超声波波束以锥形的形式发射，如图 6-36 所示。

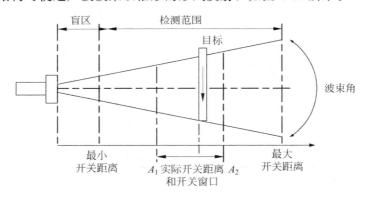

图 6-36 超声波波束示意图

（2）超声波传感器的安装与接线

① 接线：超声波传感器的引出线一般有 5 根，其中，棕色（bn）为电源正极，蓝色（bu）为电源负极（模拟量输出公共端）；白色（wh）为模拟量输出端（4~20mA 电流或 0~10V 电压输出），黑色（bk）为开关量输出端，屏蔽线（shield）为接地端。

超生波传感器的引脚定义见表 6-6。

表 6-6 超生波传感器的引脚定义

引脚颜色	引脚定义
棕色	电源正
蓝色	电源-（模拟量输出公共端）
白色	模拟量输出
黑色	开关量输出
屏蔽	接地端

超声波传感器的电源通常由外部供电，一般为直流电压，电压范围为（12～24V）±10％，再经传感器内部稳压电路变为稳定电压供传感器工作。

如果选择开关量输出（注意区分 NPN 型还是 PNP 型），可将黑色线直接接到 PLC 的输入端；如果选择模拟量输出，可将白色线接到模拟量模块的输入端（注意区分电压电流），再将数据读取到 PLC 里。

② 安装环境：超声波传感器可以安装在任何位置工作，但要避免将其安装在表面容易受污染的地方。水滴和严重的灰尘堆积都会影响超声波的功能。细小的灰尘和溅起的污渍不会影响他的功能。

③ 检测物体：检测物体可为固体、液体、粉末等。检测能力随检测物体表面状态而有所变化。如果表面的凹凸在 0.2mm 以下，则可取规定的检测距离。如果是微粉、毡、棉等易吸音物质的话，应在试验的基础上使用。为了检测表面扁平和光滑的物体，传感器需要以与检测物表面成 90°±3°安装。

④ 干扰：在排列使用时，传感器之间请保持一定距离，可参考如下。

并列配置安装方式如图 6-37 所示，其中 Y 的取值见表 6-7。

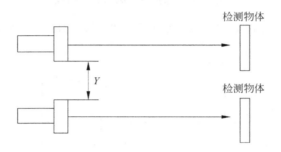

图 6-37　并列配置安装方式

表 6-7　并列配置安装方式 Y 取值

检测距离/m	Y/m
60～300	0.15 以上
200～1000	0.6 以上
300～3000	1.2 以上
500～4000	2.0 以上
800～6000	2.5 以上

表 6-7 中的数值实际上是随着检测物体表面状态及反射的超声波情况而变动的。检测物体保持倾斜情况时，可增大表中的 Y 值。

相向配置安装方式如图 6-38 所示，其中 X 的取值见表 6-8。

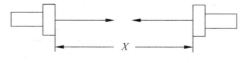

图 6-38　相向配置安装方式

表 6-8　相向配置安装方式 X 取值

检测距离/m	X/m
60～300	1.2 以上
200～1000	4.0 以上
300～3000	12.0 以上
500～4000	16.0 以上
800～6000	25.0 以上

（3）超声波传感器的选型

根据被测物和检测方式来选择合适的超声波传感器。在选择传感器时，重点考虑以下几项参数：检测模式、工作频率、检测范围、波束角、盲区、输出形式、防护等级。

① 检测模式：主要分为直接反射式和对射式，前者将发射器和接收器集于一体，后者的发射器和接收器分开使用，被测物位于两者之间，一旦阻断接收器接收声波，传感器机会产生开关信号。

② 工作频率：也叫谐振频率，当加到传感器上的电压频率与谐振频率一致时，传感器输出的功率最大，灵敏度最高。

③ 检测范围：检测范围取决于其使用的波长和频率。波长越长，频率越小，检测距离越大。

④ 波束角：角度小的传感器更适合精确检测相对较小的物体；而波束角大的传感器能够检测具有较大倾角的物体。

⑤ 盲区：直接反射式传感器不能可靠检测位于传感器前段的部分物体。由此，传感器与检测范围起点之间的区域被称为盲区，传感器在这个区域内必须保持不被阻挡。

⑥ 输出形式：大多数超声波传感器都有开关量输出型、模拟量电流或模拟量电压输出产品，一些产品还有 2 路开关量输出（如最小和最大液位控制）。

⑦ 防护等级：一般外壳可防固体颗粒和防水；如果符合 IP65，可完全防尘，防水柱的侵入；如果符合 IP67，可完全防尘，在恒温下浸入水下 1m 深处并放置 30min，能够有效防护。

（4）超声波传感器的应用

超声波传感器灵敏度高，工作可靠，安装方便，方便与工业显示仪表连接。尤其适用于检测有无、精确距离检测，典型应用有网络控制、液位测量、尺寸测量、机器人防撞、零件监测、远距离测量、透明物体探测，或是其他类型传感技术无法很好发挥作用的应用领域，如检测透明或发光物体、充满雾气或尘埃的空气或是喷射状液体。

2. 伺服的电子齿轮比

如图 6-39 所示，电子齿轮比的作用是，实现指令单位到实际单位之间的换算，以单位对应为主。

图 6-39 中，图 6-39（a）为不使用电子齿轮比的情况，需要利用上位指令装置对脉冲指令输入量与实际单位量进行换算。

图 6-39（b）为使用电子齿轮比以后的情况。示例中，取单位脉冲指令对应 0.001mm，前进 10mm，直接发送 10000 个脉冲即可。

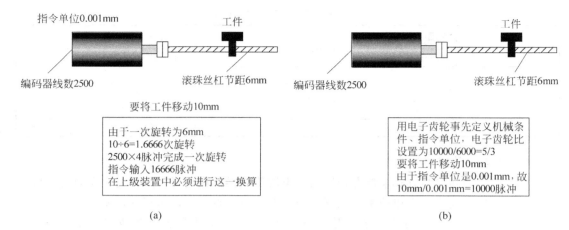

图 6-39 电子齿轮比的换算

电子齿轮比的计算见表 6-9。

表 6-9 电子齿轮比的计算

步骤	内　容	说　明
1	确认机械规格	确认减速比、滚珠丝杠节距、滑轮直径等
2	确认编码器脉冲数	确认所用伺服电机的编码器脉冲数
3	决定指令单位	决定控制器的 1 个脉冲对应实际运行距离或者角度
4	计算负载轴旋转一圈的移动量	以决定的指令单位为基础，计算负载轴旋转一圈所需要的指令单位量
5	计算电子齿轮比	根据电子齿轮比的计算公式计算电子齿轮比（B/A）
6	设定用户参数	将计算出来的数值设定为电子齿轮比

(1) 计算公式

如果将电机轴与负载轴的机械减速比设为 m/n，则可以由下式求出电子齿轮比的设定值。（伺服电机旋转 m 圈、负载轴旋转 n 圈时）

$$\text{电子齿轮比} = \frac{B}{A} = \frac{\text{P2-02}}{\text{P2-03}}$$

$$= \frac{\text{编码器脉冲数} \times 4}{\text{负载轴旋转 1 圈的指令量}} \times \frac{m}{n}$$

超过设定范围时，请将分子与分母约分成设定范围内的整数。在不改变比值的情况下进行约分不影响使用。

(2) 指令单位并不代表加工精度

在机械精度的基础上细化指令单位量，可以提高伺服的定位精度。比如在应用丝杠时，机械的精度可以达到 0.01mm，那么 0.01mm 的指令单位量就比 0.1mm 的指令单位量更准确

XC 系列 PLC 的脉冲输出最高频率只有 200kHz，显然，在电子齿轮比为 1∶1 的情况下，伺服电机最高转速只能到 1200r/min；在允许的精度范围内，设置电子齿轮比（电子齿轮比不小于 5/2）就可以达到比较高的转速。

3. 伺服刚性调节

这里主要讨论，伺服系统刚性参数的调节，刚性参数与伺服系统的响应性及平稳性有直接关系。伺服的响应性和平稳性是评价一个伺服系统好坏的重要指标。伺服刚性调节参数见表6-10。

表6-10 伺服刚性调节参数

参数序号	含　义
P1-00	速度环增益
P1-01	速度换积分时间参数
P1-02	位置环增益
P1-09	位置环前馈增益
P1-10	前馈滤波器时间参数
P3-07	速度指令滤波器时间参数
P3-08	速度反馈滤波器时间参数

目前，DS3系列伺服刚性调节的最主要参数是P1-00、P1-01、P1-02。以下针对几种不同的机械结构，简单说明其适用的伺服参数。

(1) 丝杆传动

丝杆传动机械结构如图6-40所示。

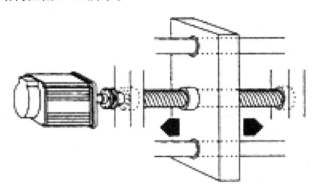

图6-40　丝杆传动机械结构

这种传动结构非常常见，通常机械刚性较高，并且折算惯量大多符合惯量比小于5这一要求。对于一般应用，出厂参数就可以适应，如果需要进一步提高系统的响应性，那么可以按照相关步骤进行参数设置。丝杠结构刚性调节步骤如图6-41所示。

注意：以上调节方式，只是指明了一个数据调整的方向，具体设置还要看实际的应用情况而定。

速度环的高响应性是提高位置环响应性的前提，单独调节速度环的比例或积分就可以达到提高速度环响应性的目的。

(2) 圆台

圆台机械结构如图6-42所示。

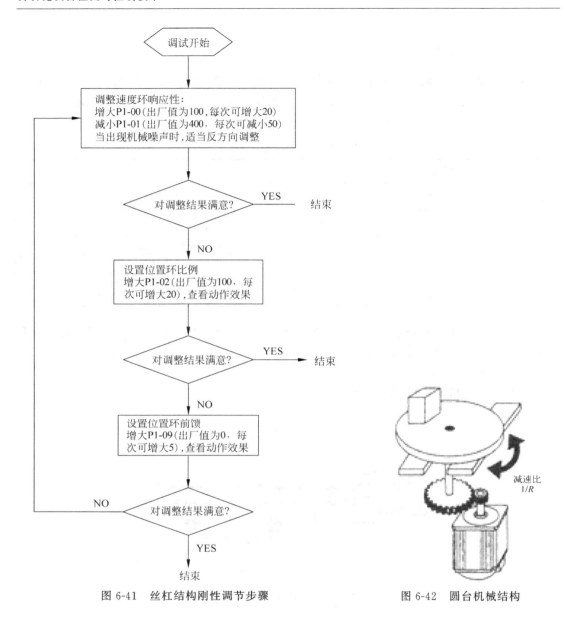

图 6-41　丝杠结构刚性调节步骤　　　　图 6-42　圆台机械结构

这种机械结构的本身刚性较差,通常不带减速机,其折算惯量通常都比较高,如离心机,其加减速过程都需要较大的电流,并且运行中容易出现晃动的情况。这种机械结构就决定了伺服系统的响应带宽不高,也就是要将伺服系统的响应性向"软"方向调节。这里给出一组比较典型的参数值:P1-00＝200,P1-01＝2000,P1-02＝80。

（3）同步带传动

同步带传动结构如图 6-43 所示。

同步带传动也是一种很常见的传动方式,图 6-43 中有减速机构,实际应用同步带传动时,大多没有减速机构,此时,负载的折算惯量（包括两个同步轮、同步带以及所拖负载的惯量总和）可能会比较大,如果参数设置太"硬",运行中和定位结束时都会出现抖动的现象。下面分两种情况讨论。

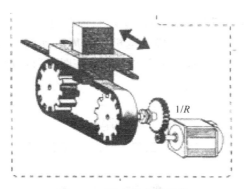

图 6-43 同步带机械结构

① 同步带短且张紧力大，折算惯量在电机转子惯量的 10 倍以内，比如，套标机的拉标轴电机，此时参数的调整方向可以与丝杆传动时相同。

② 同步带短且张紧力大，但是折算惯量超过电机转子惯量的 10 倍，或者同步带很长的情况，其参数调整方向就与圆台相近。

思考与练习六

6-1 控制要求：送料小车由伺服电机控制运行，控制设备结构示意图如图 6-44 所示。送料小车开始停在左侧限位开关 SQ1 处，按下启动按钮 SB1，开始装料，10s 后装料结束，开始右行；碰到 SQ2 后停下来卸料，10s 后左行。碰到 SQ1 后回到初始状态停止运行。编写梯形图完成控制功能。

6-2 设备结构如图 6-45 所示，多齿凸轮与伺服电机同轴转动，由接近开关检测凸齿产生的脉冲信号，传送带凸轮上有 10 个凸齿，则伺服电机旋转一圈，接近开关将接收到 10 个脉冲信号，当伺服电机旋转 10 圈后（产生 100 个脉冲信号），传送带停止，切刀执行切割产品动作，1s 后切刀复位。由于伺服电机所带的负载较大，因此伺服电机在运动过程中需要有一个加减速过程，加减速时间设置为 200ms。编写梯形图完成控制功能。

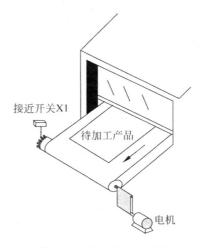

图 6-44 送料小车的结构示意图　　图 6-45 设备结构示意图

6-3 伺服工作台的结构简图如图 6-46 所示。伺服电机旋转一周，滚珠丝杠也旋转一周，工作台将水平移动一个丝距，这样，电机的圆周运动就可以转化为工作台的直线运动，固定在工作台上的定位铁片也将水平左右运动。图中所示设备的丝杠丝距为 3mm。

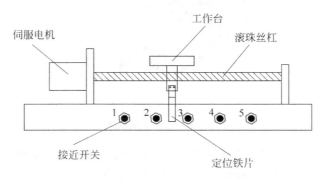

图 6-46 伺服工作台结构简图

（1）控制方案要求

① 将接近开关 2 作为原点，1 和 5 分别为左、右极限；无论设备处于何种工作状态，遇到左右极限时都必须停止且不可向超限的方向运行。

② 上电检测工作台是否在原点（无论在原点左边还是右边），若不在原点，则将工作台复位至原点。

③ 当工作台处于原点位置时，按下启动按钮，工作台装料，3s 后开始向工位 1 运送，至工位 1 开始卸料，5s 之后返回原点；工位 1 距离原点 55mm。

④ 循环过程中按下停止按钮，工作台完成当前次循环后回到原点处停止。直到按下启动按钮，开始下一次循环。

工作的时序如图 6-47 所示。

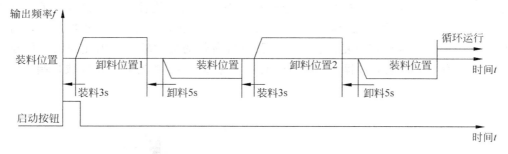

图 6-47 伺服工作台工作时序图

（2）触摸屏设计要求

① 显示设备当前所处的工作状态：在原点、不在原点、装料、前进至工位 1、工位 1 卸料等，要做到只看触摸屏也能知道设备的状态。

② 显示定时时间，或者显示倒计时，精确到 0.1s。

③ 显示工作台当前相对原点的位置，单位 mm，精确到 0.1mm。

④ 可以设置循环工作次数，范围为 1～9；若该参数小于 1，则自动设为 1，若该参数大于 9，则自动设为 9。

编写触摸屏和 PLC 程序，实现上述控制要求。

6-4　在习题 6-3 的基础上加以下两条控制要求，编写触摸屏和 PLC 程序实现。

① 至原点处继续装料，3s 后向工位 2 运送，至工位 2 开始卸料，5s 之后返回原点，工位 2 距离原点 110mm，至原点处时，一个循环完成，累积循环次数＋1，并开始下一个循环；可设定循环工作的次数，完成设定次数后，工作台停止在原点处。

② 触摸屏上显示工作台的实时移动速度（包括加减速过程），单位 mm/s，精确到 0.1mm/s；

6-5　在习题 6-3 和习题 6-4 的基础上加以下两条控制要求，编写触摸屏和 PLC 程序实现。

① 循环过程中按下暂停按钮，则工作台立刻停止，直到再此按下启动按钮时，工作台继续运行至目标位置，要求可以多次按暂停启动，小车运行无偏差；在暂停状态下，若再次按下暂停键，则工作台回到原点处停止；直到按下启动按钮，开始下一次循环。

② 触摸屏上设置一个加密页，当密码正确时，才可以跳转至该页面，仅可以在该页面将已完成循环工作次数清零。

6-6　在习题 6-3、习题 6-4 和习题 6-5 的基础上要求在触摸屏上可以显示小车的运行动画，编写触摸屏程序实现。

项目七

平面磨床控制系统

一、任务提出

某工厂现需要设计一个平面磨床的 PLC 控制系统,平面磨床设备实物图如图 7-1 所示。

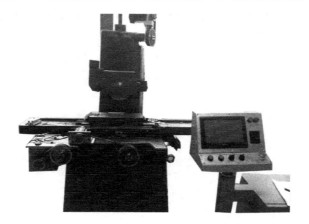

图 7-1 平面磨床设备实物图

平面磨床工作台可以前后、左右运动,砂轮可以上下运动和旋转,故为几个运动方向定义为 X、Y、Z、R,如图 7-2 所示。

平面磨床的工作流程图如图 7-3 所示。

具体控制要求如下:

① 系统进入初始状态,人工上料完成后,准备完毕。

② 用左右手轮和前后手轮将物料移至砂轮中心处,砂轮厚 10mm,如图 7-4 所示。物料尺寸(长宽高)为 100mm×50mm×30.07mm,现要求将物料厚度加工至 30mm。

③ 按下对刀启动按钮,砂轮开始转动,用上下手轮控制机头开始缓慢下降,当砂轮与物料摩擦出一丝火花时停止下降,对刀结束,在显示器上归零。

④ 用左右手轮和前后手轮将物料移至砂轮中心处边缘处,如图 7-5 所示。

⑤ 按下启动按钮,Z 轴电机转动,砂轮下降 0.04mm 后保持不动,同时 X 轴电机转动,工件以 800mm/s 的速度左右移动一个来回后,Y 轴转动,工作台以 30mm/s 的速度前进 5mm。X 轴和 Y 轴如此循环 10 次,直至磨完整个物料平面,完成粗磨。

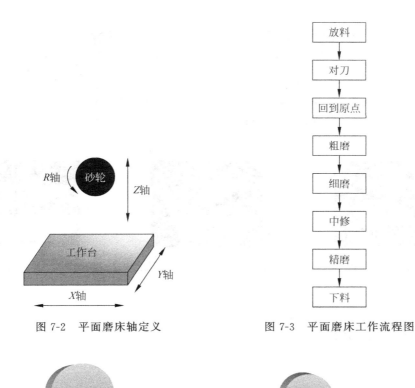

图 7-2 平面磨床轴定义

图 7-3 平面磨床工作流程图

图 7-4 物料与砂轮相对位置图 1

图 7-5 物料与砂轮相对位置图 2

⑥ Z 轴电机转动,砂轮下降 0.02mm 后保持不动,同时 X 轴电机转动,工件以 800mm/s 的速度左右移动一个来回后,Y 轴转动,工作台以 30mm/s 的速度前进 5mm。X 轴和 Y 轴如此循环 10 次,直至磨完整个物料平面,完成细磨。

⑦ 修正砂轮。

⑧ Z 轴电机转动,砂轮下降 0.01mm 后保持不动,同时 X 轴电机转动,工件以 800mm/s 的速度左右移动一个来回后,Y 轴转动,工作台以 30mm/s 的速度前进 5mm。X 轴和 Y 轴如此循环 10 次,直至磨完整个物料平面,完成精磨。

⑨ 取下工件,平磨完成。

⑩ 触摸屏上显示已经打磨的厚度以及设备的当前状态。

上述控制要求只是其中一种工艺(属于平面研磨)的控制要求,实际项目中,很多是要求参数可设的,即做好的设备,可以进行不同工件的磨削,可以选择平面研磨、Z 字研磨、不等距/等距切槽和手轮模式。另外还包含很多系统参数设置、非正常情况下报警保护、手动调试、实时监控以及用户要求的其他功能等。

平面研磨、Z 字研磨、不等距切槽、等距切槽、手轮模式的工艺示意图分别如图 7-6~图 7-10 所示。

图 7-6 平面研磨工艺示意图

图 7-7 Z 字研磨工艺示意图

图 7-8 不等距切槽工艺示意图

图 7-9 等距切槽工艺示意图

图 7-10 手轮模式工艺示意图

二、相关知识

1. 光栅传感器

光栅，是指在一块长条形（或圆形）光学玻璃（或金属）上均匀刻上大量等宽等间距的平行刻线，形成透光与不透光相间排列的光电器件。

如图 7-11 所示，栅线是光栅上的刻线，刻线宽度记为 a，缝隙宽度记为 b，则栅距（或光栅常数）$W=a+b$。

光栅可分为物理光栅和计量光栅，物理光栅基于光的衍射，主要用于光谱分析和光波长等量的测量；计量光栅利用莫尔现象实现长度、角度、加速度、振动等几何量的测量。下面主要介绍计量光栅。

按光的走向，计量光栅可分为透射式（玻璃）和反射式（金属）。透射式的刻划基面采用玻璃材料，如图 7-12 所示；反射式的刻划基面采用金属材料，如图 7-13 所示。

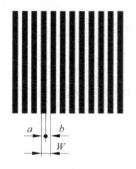
图 7-11 栅线、栅距示意图

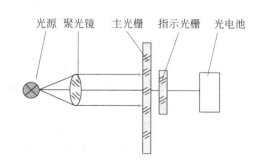
图 7-12 透射式计量光栅结构示意图

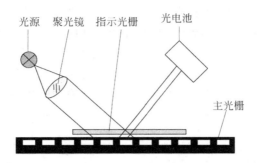

图 7-13 反射式计量光栅结构示意图

按应用类型，计量光栅可分为长光栅和圆光栅，实物图分别如图 7-14 和图 7-15 所示。刻划在玻璃尺上的光栅被称为光栅尺，用于测量长度或线位移；圆光栅是在圆盘玻璃上刻线，用来测量角度或角位移。

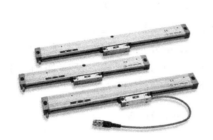
图 7-14 长光栅实物图

图 7-15 圆光栅实物图

（1）光栅传感器的工作原理

光栅传感器由标尺光栅、指示光栅、光路系统和测量系统四部分组成，如图 7-16 所示。其中一块光栅尺作测量基准用，称为标尺光栅，另一块光栅尺则称为指示光栅。标尺光栅相对于指示光栅移动时，便形成大致按正弦规律分布的明暗相间的叠栅条纹。这些条纹以光栅的相对运动速度移动，并直接照射到光电元件上，在它们的输出端得到一串电脉冲，通过放大、整形、辨向和计数系统产生数字信号输出，直接显示被测的位移量。

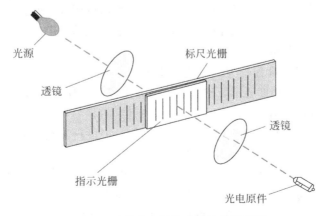

图 7-16 透射式光栅传感器结构示意图

在实际光测量系统中，指示光栅一般不动，标尺光栅随测量工作台（或主轴）一起移动。但在使用长光栅尺的数控机床中，标尺光栅往往固定在床身上不动，而指示光栅随拖板一起移动。测量工作台每移过一个栅距，光电原件发出一个信号，计数器便记取一个数。这样，根据光电原件发出的或计数器记取的信号数，便可知动光栅尺移过的栅距数，即测得了测量工作台移过的位移量。光栅传感器工作原理图如图7-17所示。

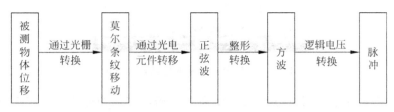

被测物体位移＝栅距×脉冲数

图 7-17　光栅传感器工作原理图

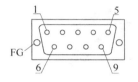

图 7-18　光栅尺插座示意图

（2）光栅传感器的安装与接线

光栅尺一般有9芯插座和7芯插座，9芯插座又分为RS-422信号输出和TTL差分信号输出。本项目使用的是9芯插座TTL差分信号（5V）输出形式，插座如图7-18所示。

9芯光栅尺输出端子分配见表7-1。

表 7-1　9芯光栅尺端子分配表

脚位	1	2	3	4	5	6	7	8	9
信号	空	0V	空	空	空	A	+5V	B	Z
颜色	—	黑	—	FG	—	绿	红	橙	白

使用时需要将光栅尺的5V差分信号经转换器转换成24V集电极输出信号，再接到PLC输入端。

光栅尺对环境要求较高，不能承受大冲击和振动，要求密封，防止尘埃、油污、铁屑的污染。

（3）光栅传感器的选型

光栅尺分为小型、中型、大型三种类型，每一类均可用50线对光栅作为测量基准。

在选择光栅尺的时候，要注意测量行程，一般小型光栅尺的测量行程为10～500mm，中型为50～1200mm，大型为1300～3000mm。

反射式光栅传感器的量程较大，可达几十米。

另外，要根据测量的精度要求，选择合适的分辨率，一般分辨率有0.5μm、1μm、5μm。

（4）光栅传感器的应用

光栅传感器具有测量精度高、动态测量范围广、可进行无接触测量和易实现系统的自动化和数字化等优势，在机械工业中得到了广泛的应用。

① 长度与角度的精密测量。如工具显微镜、测长机、三坐标测量机、试验机等，在高精密的分度头、圆转台、刻度盘检测仪等仪器中应用非常广泛。

② 应用于数控加工中心、机床、磨床、铣床上，应用于金属板压制。

③ 用于测量速度、加速度、振动、应力和应变。

④ 应用于机器人和自动化设备上，用于计量和生产控制、多点检测、直线导轨定位等。

三、任务分析

1. 工作原理

平面磨床工作台 X、Y、Z 轴分别由三套伺服系统控制，机械结构传动使得 X、Y、Z 轴的电机转一圈，工作台分别移动 1mm。分别在 Y 轴和 Z 轴装有光栅尺，这是因为物料的加工对精度的要求很高。但是由于机械传动的死区或者精度问题，光靠伺服定位达不到加工要求，因此装置光栅尺这种高精度位置传感器。该项目所用传感器精度为 $1\mu m$，即目标移动 $1\mu m$，发出一个脉冲。砂轮由变频器带动异步电机控制转动。

2. 设计思路

① 平面磨床的 X、Y、Z 轴采用的是伺服位置模式控制。采用最新的 XDC 总线控制伺服定位，其中 Y、Z 轴对精度要求较高，但是由于存在机械死区造成的误差，单纯靠之前的半闭环伺服系统难以实现高精度控制，所以在其位移处安装了光栅传感器，实时检测实际位移，并反馈给 PLC，PLC 做出相应运算来补偿由于机械死区造成的误差。这样，整个位移控制类似于双闭环控制，伺服内部本身一个位置环，加外部光栅尺作为反馈构成的另一个位置环。双闭环伺服控制系统的结构框图如图 7-19 所示。

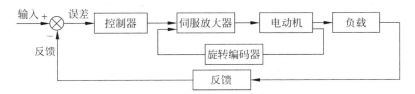

图 7-19 双闭环伺服控制系统的结构框图

而负载的运动情况（位置、速度等）通过相应传感器反馈到控制器输入端与输入命令进行比较，实现闭环控制。

② 砂轮采用变频器控制，由于其转速设定好后，工作中不需要经常改变，故采用面板控制模式。运行采用端子控制模式。

③ 磨床在磨削过程中，砂轮不可避免地会产生磨损。砂轮磨损后，不但会影响加工精度，也会恶化加工条件。为了保证加工精度，研究者需要及时地对砂轮的磨损量进行检测和补偿。但由于砂轮的磨损量小，磨损不均匀，受砂轮表面磨粒的非均匀分布及堵塞的影响，砂轮磨损量的高精度测量困难重重。目前，一般对砂轮的修正有中修和计数修。

中修一般是在细磨之后，精磨之前进行修正，根据加工材质物料不同，修正量也有所不同，本项目修正量为 0.1mm，即使砂轮只磨了 0.01mm，也削去 0.1mm 的外径，如

图 7-20 砂轮修正示意图

图 7-20 所示,将被磨的不规则的砂轮修正规则。

计数修一般是在几次精磨之后,修正一次,修正方法与中修类似。有的项目也会将中修与精修相结合,即每磨完一个工件中修一次,磨完几个工件后再精修一次。

3. 产品选型

(1) PLC 选型

① 外部输入需要采集两轴光栅尺反馈的脉冲数,故需要至少支持两路 AB 相高速计数脉冲输入的 PLC。

② 由于系统需要较高的响应性,所以选择性能更强大、运算速度更快的 XD 系列 PLC,并且由于 PLC 发脉冲有一定的响应时间,造成一定程度上的滞后性,所以改用总线方式控制伺服驱动器,只要 PLC 与伺服驱动器能够正常通信,就不存在 PLC 丢脉冲,也不存在脉冲响应时间的问题,所以需要选择 XDC 系列带总线的 PLC。

③ 根据项目中实际需要用到的输出点,选择信捷 XDC-32T-E 型 PLC。

(2) 触摸屏选型

根据用户要求选择适合大小的触摸屏,选择常用的信捷 TH765-MT 系列 7 寸触摸屏。

(3) 伺服选型

根据力矩要求,X 轴选择信捷带总线功能 DS3E-21P5-PQA 伺服驱动器,Y 轴选择信捷 DS3E-20P2-PQA 总线伺服驱动器,Z 轴选择信捷 DS3E-20P7-PQA 总线伺服驱动器。

(4) 光栅尺选型

光栅尺的选择主要考虑精度、测量方式、输出方式以及量程等因素。由于本项目要求精度为 1μm,测量距离为 50cm,最终选择型号为 KA300-520 的光栅传感器。其有效测量值为 520mm,可调分辨率为 1μm,差分输出的增量型线性光栅尺。

4. 参数设置

三轴伺服参数配置相同,见表 7-2。

表 7-2 送料/转角伺服配置

参数设置	设置值	参数设置	设置值
P0-01	6	P5-10	10
P0-07	10(总线位置控制模式)	P0-03	总线模式
P7-00	伺服站号设置		

变频器参数采用出厂默认设置即可。

5. 总线接线

X-NET 运动总线的伺服控制系统总线接线:在位于 XDC 的 PLC 正面的 BD 板卡槽内插入 RS485 扩展 BD 板 XD-XNE-BD。BD 板上有 4 个端子,从左往右依次为:A、B、SG(信号地)、FG(屏蔽地)。将 BD 板的通信端口 A/B 接至伺服驱动器 DS-XNET-M 模块的 A1、B1 端子上,将 DS-XNET-M 模块的九针母头插至伺服驱动器的 CN1 口的九针公头上。DS-XNET-M 模块的 A1 与 A2 已短接，B1 与 B2 已短接。若用一台 PLC 控制多台伺服，总线接线方式如图 7-21 所示。

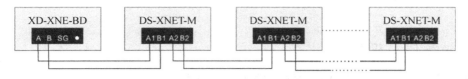

图 7-21　总线接线方式

注意：①默认最多同时控制 10 轴伺服。②通信参数需要通过 XINJEConfig 软件配置。③在 PLC 和伺服都上电的情况下不能单独给伺服断电。

6. I/O 分配

PLC 的 I/O 分配见表 7-3。

表 7-3　PLC 的 I/O 分配表

功　　能	软元件编号
Y 轴光栅尺 A 相	X0
Y 轴光栅尺 B 相	X1
Z 轴光栅尺 A 相	X3
Z 轴光栅尺 B 相	X4
变频器正转（FWD）	Y0

7. 系统接线

平面磨床系统的外部接线图如图 7-22 所示。

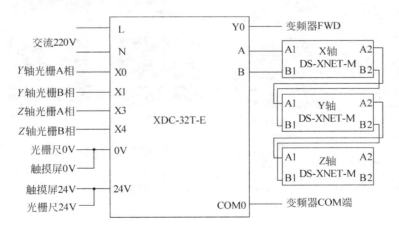

图 7-22　平面磨床系统外部接线图

四、任务实施

1. 编写 PLC 程序

根据工艺控制要求，将 PLC 梯形图的框架构建好，如图 7-23 所示。

图 7-23　PLC 梯形图框架

2. 编写触摸屏程序

触摸屏的主运行界面如图 7-24 所示。

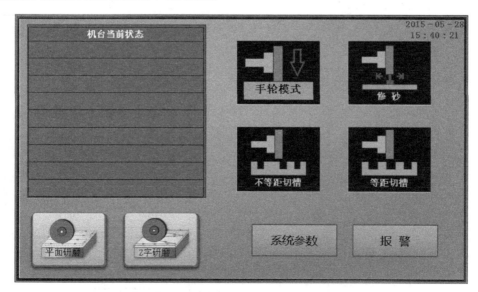

图 7-24　触摸屏主运行界面

其中，平面研磨和 Z 字研磨界面如图 7-25 和图 7-26 所示。
系统设置界面如图 7-27 和图 7-28 所示。

项目七　平面磨床控制系统

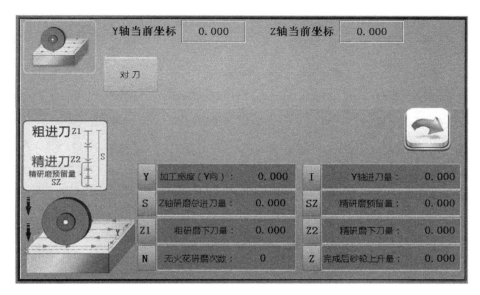

图 7-25　平面研磨界面

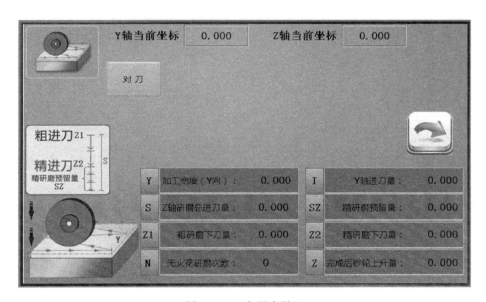

图 7-26　Z 字研磨界面

3. 系统调试

① 按照图 7-22 所示的接线图将相关设备正确连接好。

② 将梯形图程序下载至 PLC 中，配置模块信息后单击"运行"按钮，触摸屏程序下载至触摸屏中，并在触摸屏相关系统参数设置界面根据需要设置好参数。

③ 按照控制要求测试系统是否按照任务运行，并且触摸屏显示正确，若不是则应检查和修改程序，直至达到任务要求。

④ 观察设备工作效果，若效果不好，调节相关系统参数，直到出现满意的效果。

图 7-27 系统参数设定 1

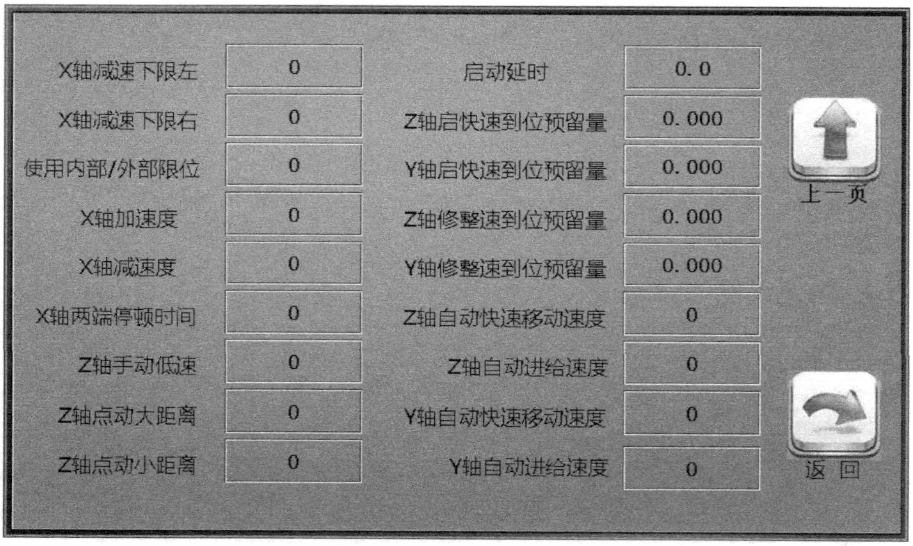

图 7-28 系统参数设定界面 2

五、知识拓展

1. 磁栅传感器

(1) 磁栅传感器的工作原理

磁栅式传感器主要由磁栅和磁头两部分组成。磁栅上刻有等间距的磁信号,它是利用磁带录音的原理,将等节距的周期变化的信号(正弦波或矩形波)用录磁的方法记录在磁性尺子或圆盘上。

磁栅位移传感器工作时,磁头相对于磁栅有一定的相对位置,通过读取磁栅的输入输出感应电动势相位差即可把磁栅上的磁信号读出来,这样就把被测位移转换成电信号。

磁栅分为长磁栅和圆磁栅,长磁栅主要用于直线位移的测量,圆磁栅主要用于角位移测量。

磁栅尺实物图如图 7-29 所示。

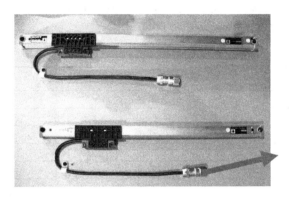

图 7-29 磁栅尺实物图

磁栅传感器主要由磁栅(磁尺)、磁头、检测电路组成。磁尺是用非导磁性材料作为尺基,在尺基上面镀一层均匀的磁性薄膜(为 $10\sim20\mu m$),然后录上一定波长的磁信号而制成的。磁信号的波长(周期)又称节距,用 W 表示。磁信号的极性是首位相接,在 N/N 重叠处为正的最强,在 S/S 重叠处为负的最强。磁栅尺的断面和磁化图如图 7-30 所示。

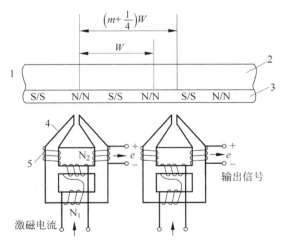

1—磁尺;2—尺基;3—磁性薄膜;4—铁心;2—磁头

图 7-30 磁栅尺断面和磁化图

磁栅的一个重要特点是磁栅尺与磁头处于接触式的工作状态。磁栅的工作原理是磁电转换,为保证磁头有稳定的输出信号幅度,考虑到空气的磁阻很大,故磁栅尺与磁头之间不允许存在较大和可变的间隙，最好是接触式的。为此带型磁栅在工作时磁头是压入于磁带上的，这样即使带面有些不平整，磁头与磁带也能良好接触。线型磁栅的磁栅尺和磁头之间约有 0.01mm 的间隙，由于装配和调整不可能达到理想状态，故实际上线型磁栅也处于准接触式的工作状态。

磁栅尺是磁栅数显系统的基准元件。节距是磁栅尺的长度计量单位，任一被测长度都可用与其对应的若干磁栅节距之和来表示。

（2）磁栅传感器的安装和接线

接线：磁栅传感器的接口一般为 9Pin 接口，其信号定义见表 7-4。另外，电源一般有 5V 直流输入和 10～30V 直流输入两种规格。

表 7-4　磁栅传感器的接口信号定义

信号	颜色	9Pin 接口定义
A+	黄色	1
B−	白色	2
电源	红色	3
0V	黑色	4
A−	蓝色	5
B+	绿色	6
Z−	灰色	7
Z+	粉色	8
屏蔽	SHIELD	9

A+、A−、B+、B−、Z+、Z−一般为 5V 差分信号，如要连接 PLC，要把差分信号转换成 24V 集电极信号。

安装：

① 安装磁栅尺之前，请清理阻碍滑块自由运动的杂物，如粉末、废屑等。确认用于安装磁栅尺的工具都是无磁性的。

② 为了系统有更好的精度，磁栅尺磁带长度必须大于机械有效测量长度 80mm（两端各 40mm），保证磁带中心和测量行程的中心一致。

③ 磁栅尺磁带可以安装在各种无磁场的机台表面。为了更好地保护磁带不受废屑、切削液、喷洒液体、粉沫等污染，要求使用保护钢带 CV103（自带双面胶），或者用铝槽 SP202 来固定磁带，SP202 无须双面胶。

④ 机台安装面必须平坦、干净，请用酒精擦拭机台安装面。

⑤ 贴上磁带时切记压实（不要太用力压尺带），正常粘贴温度为 21～38℃。

⑥ 粘贴磁带后，贴保护钢带时，最好于两边预留各约 15mm，可于两边加铆钉固定，使之更牢固。粘贴磁带前，可先划线，尺带沿划线粘贴。

⑦ 读头和尺带中心线尽量重合。读头离磁带标准间距为 1mm。

布线：

① 数据线要远离电机、产生磁场的电线及电磁开关。

② 若无法远离电源线时，切忌平行布线。

另需注意：测量系统工作环境的温度范围为 0～45℃，当工作环境温度在 15～25℃内时，相对湿度应不大于90%。工作环境中应无明显的腐蚀性气体和粉尘。磁栅不得直接与强磁场（如磁性表座）接触。

(3) 磁栅传感器的选型

在选择磁栅传感器时，主要关注以下几项重要指标。

① 测量精度：如果对测量数据的精确要求较高，则选用的测量精度越小越好。

② 测量长度：测量长度范围必须足够满足测量需求，切勿超出量程。

③ 重复精度：指传感器在重复测量某一点的值时，各次测量结果所显示的测量值与实际值的偏差，重复精度越小则偏差越小。

④ 耐污染力：根据使用场合选择合适的防护等级的传感器，如需在水下工作，则必须使用防水型传感器。

⑤ 电源规格：根据实际需要，选择传感器的供电电源规格。

(4) 磁栅传感器的应用

磁栅式传感器成本较低，易安装和调整，抗干扰能力强，测量范围从几十毫米到几十米。一般应用于大型机床的数字测量、自动化机床的自动控制及定位控制等。当需要时，可将原来的磁信号（磁栅）抹去，重新录制。还可以安装在机床上后再录制磁信号，这对于消除安装误差和机床本身的几何误差，以及提高测量精度都是十分有利的。并且可以采用激光定位录磁，而不需要采用感光、腐蚀等工艺，因而精度较高，可达±0.01mm/m，分辨率为1~5μm。

2. 运动控制指令

(1) 直线插补

四操作数直线插补指令说明如图7-31所示。

图7-31　四操作数直线插补指令说明

功能：将第1、第2操作轴以指定速度进行线性插补定位，其对应平面坐标系由PLAN指令指定。

S_1：第1操作轴目标位置坐标。可用操作数：K、TD、CD、D、FD。

S_2：第2操作轴目标位置坐标。可用操作数：K、TD、CD、D、FD。

S_3：第3操作轴目标位置坐标。可用操作数：K、TD、CD、D、FD。

(注：三轴运动控制还未开放，这里所设值不起任何作用，但必须保留该位。)

S_4：线性插补定位的操作速度。可用操作数：K、TD、CD、D、FD。

(指令LIN线性插补和CW/CCW圆弧指令时，其最高频率为80kHz。)

当对第1操作轴、第2操作轴没有指定操作速度时，机器将默认以最高速度进行线性插补定位，如图7-32所示。

S：第1操作轴目标位置坐标。可用操作数：K、TD、CD、D、FD。

D：第2操作轴目标位置坐标。可用操作数：K、TD、CD、D、FD。

图 7-32 两操作数直线插补指令说明

- 此指令同时使用两个轴沿直线路径把机器移动到目标坐标位置。
- 目标位置为增量值还是绝对值由 INC 或 ABS 指令设定。
- 当目标位置、操作速度的值由寄存器间接指定时，默认为双字操作。

直线插补功能程序示例如图 7-33 所示。

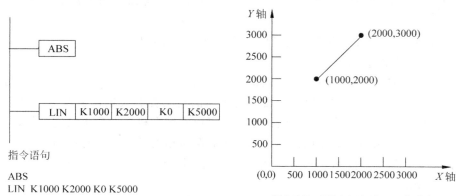

图 7-33 直线插补功能程序示例图

（2）圆弧插补

圆弧插补指令如图 7-34 所示。

图 7-34 圆弧插补指令说明

功能：根据第 1、第 2 操作轴的目标位置坐标、圆心位置坐标以指定速度进行圆弧插补。

- 其坐标平面由 PLAN 指令指定。
- CW 为顺时针插补操作，CCW 为逆时针插补操作。

(S1)：第 1 操作轴目标位置坐标。可用操作数：K、TD、CD、D、FD。

(S2)：第 2 操作轴目标位置坐标。可用操作数：K、TD、CD、D、FD。

(S3)：第 1 操作轴圆弧中点位置坐标。可用操作数：K、TD、CD、D、FD。

(S4)：第 2 操作轴圆弧中点位置坐标。可用操作数：K、TD、CD、D、FD。

(S5)：第三轴位置。可用操作数：K、TD、CD、D、FD。

（注：三轴运动控制还未开放，这里所设值不起任何作用，但要保留该位。）

(S6)：圆弧外围操作速度，可用操作数：K、TD、CD、D、FD。

(指令 LIN 线性插补和 CW/CCW 圆弧指令时,其最高频率为 80kHz。)

倘若未规定外围操作速度,则系统将默认最高速度,如图 7-35 所示。

图 7-35 圆弧插补指令说明

- 第 1 操作轴和第 2 操作轴中点坐标始终被看作以起点为基准的"增量地址"。
- 外围速度的加/减速度时间量分别由参数 FD8910、FD8912 来设定。
- 目标位置为增量值还是绝对值由 INC 或 ABS 指令设定。
- 当目标位置坐标或者操作速度值由寄存器间接指定时,默认为双字操作。
- 当起点坐标等于目标位置坐标时,运动轨迹为整圆。

圆弧插补指令程序样例如图 7-36 所示。指定为绝对驱动方法,以 5kHz 的速度沿着中点的增量地址为(200,0)的圆弧运动,从起始位置 A 点(坐标(600,500))到达目标位置 B 点(坐标(1000,500))。

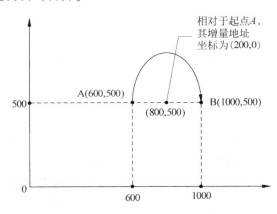

图 7-36 圆弧插补指令示例说明

圆弧插补指令样例的指令语句:

```
ABS
CW   K1000  K500  K200  K0  K5000
```

3. 变频器、步进驱动器及伺服驱动器的关系与区别

变频器是应用变频技术与微电子技术,通过改变电机工作电源频率方式来控制交流电动机的电力控制设备。简单的变频器只能调节交流电机的速度。

伺服驱动器在发展了变频技术的前提下,在驱动器内部的电流环、速度环和位置环(变频器没有该环)都进行了比一般变频更精确的控制技术和算法运算。在功能上也比传统的变频强大很多,主要的一点可以进行精确的位置控制。通过上位控制器发送的脉冲序列来控制速度和位置。驱动器内部的算法和更快更精确的计算以及性能更优良的电子器件使之更优越于变频器。

步进是一种离散运动的装置,虽然与伺服在控制方式上相似(脉冲串和方向信号),但在使用性能和应用场合上存在较大的差异。现就两者的使用性能作一比较。

(1)控制精度不同

两相混合式步进电机步距角一般为 3.6°、1.8°,五相混合式步进电机步距角一般为 0.72°、0.36°。也有一些高性能的步进电机步距角更小,如四通公司生产的一种用于慢走丝机床的步进电机,其步距角为 0.09°;交流伺服电机的控制精度由电机轴后端的旋转编码器保证。以信捷交流伺服电机为例,对于带标准 2500 线编码器的电机而言,由于驱动器内部采用了四倍频技术,其脉冲当量为 360°/10000=0.036°。

(2)低频特性不同

步进电机在低速时易出现低频振动现象。振动频率与负载情况和驱动器性能有关,一般认为振动频率为电机空载起跳频率的一半。这种由步进电机的工作原理所决定的低频振动现象对于机器的正常运转非常不利。当步进电机工作在低速时,一般应采用阻尼技术来克服低频振动现象,比如在电机上加阻尼器,或驱动器上采用细分技术等。交流伺服电机运转非常平稳,即使在低速时也不会出现振动现象。交流伺服系统具有共振抑制功能,可克服机械的刚性不足,并且系统内部具有频率解析机能(FFT),可检测出机械的共振点,便于系统调整。

(3)矩频特性不同

步进电机的输出力矩随转速升高而下降,且在较高转速时会急剧下降,所以其最高工作转速一般在 300~600r/min。交流伺服电机为恒力矩输出,即在其额定转速(一般为 2000r/min 或 3000r/min)以内,都能输出额定转矩,在额定转速以上为恒功率输出。

(4)过载能力不同

步进电机一般不具有过载能力,交流伺服电机具有较强的过载能力。以信捷交流伺服系统为例,它具有速度过载和转矩过载能力。其最大转矩为额定转矩的三倍,可用于克服惯性负载在启动瞬间的惯性力矩。步进电机因为没有这种过载能力,在选型时为了克服这种惯性力矩,往往需要选取较大转矩的电机,而机器在正常工作期间又不需要那么大的转矩,便出现了力矩浪费的现象。

(5)运行性能不同

步进电机的控制为开环控制,启动频率过高或负载过大易出现丢步或堵转的现象,停止时转速过高易出现过冲的现象,所以为保证其控制精度,应处理好升、降速问题。交流伺服驱动系统为闭环控制,驱动器可直接对电机编码器反馈信号进行采样,内部构成位置环和速度环,一般不会出现步进电机的丢步或过冲的现象,控制性能更为可靠。

(6)速度响应性能不同

步进电机从静止加速到工作转速(一般为每分钟几百转)需要 200~400ms。交流伺服系统的加速性能较好,以信捷 DS2-20P4 交流伺服电机为例,从静止加速到其额定转速 3000r/min 仅需几毫秒,可用于要求快速启停的控制场合。

综上所述,交流伺服系统在许多性能方面都优于步进电机,但在一些要求不高的场合也经常用步进电机来做执行电动机。所以,在控制系统的设计过程中要综合考虑控制要求、成本等多方面的因素,选用适当的控制电机。

4. 齿轮间隙-死区补偿

在机床的进给传动链中，齿轮传动、滚珠丝杆、螺母副等均存在反向间隙，如图 7-37 所示。

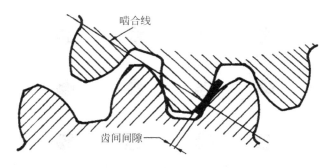

图 7-37 齿轮反向间隙

然而，这种间隙的存在会造成设备反向运动时，电动机空转而工作台实际不动。对于采用半闭环伺服系统的控制机构，反向间隙的存在就会影响到设备的定位精度和重复定位精度，从而影响到产品的加工精度。这就需要控制系统提供反向间隙补偿功能，以便在加工过程中自动补偿一些有规律的误差，提高加工零件的精度。随着设备的使用时间的增长，反向间隙还会因为磨损造成的运动副间隙的增大而逐渐加强，因此需定期对数控机床各坐标轴的反向间隙进行测定和补偿。

而对于全闭环系统，由于反馈元件会将运转的实际距离传送至控制系统，从而可以弥补与理论距离的不足。

思考与练习七

龙门结构直角坐标系设备如图 7-38 所示。该设备可以在三维空间（X 轴、Y 轴、Z 轴）内任意定位，设备每轴都设有机械原点（接近开关），在其工作范围内有很多凹点。

图 7-38 龙门结构直角坐标系设备

试完成以下几题的控制要求。

1. 在其工作范围内，任意选定 16 个点，如图 7-39 所示。

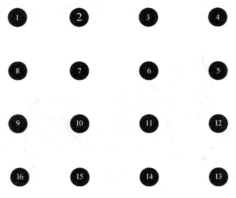

图 7-39 选取 16 个凹点

上电三轴自动回原点，按下启动按钮，笔尖迅速移至 1 号凹点正上方，然后下降，直到距离 1 号凹点底部 0.5mm 处停止 1s，然后上升 10mm 并移至 2 号凹点正上方，然后下降，直到距离 2 号凹点底部 0.5mm 处停止 1s……，依次类推，直至走完所有凹点后快速回原点后停止。笔尖的运行轨迹如图 7-40 所示。

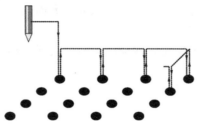

图 7-40 笔尖运行轨迹

编写程序，完成控制要求。

2. 在设备工作范围内垫一张白纸，要求在白纸上画出如图 7-41 所示的三种图案。

图 7-41 要求画出的图案

3. 将视觉检测装置与三伺服坐标系连接到一个系统中，视觉加伺服系统结构示意图如图 7-42 所示。

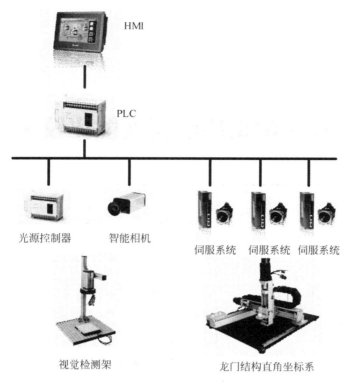

图 7-42　视觉加伺服系统结构示意图

在一张白纸上任意画一个方框（注意大小不要超过视觉相机的视野范围），如图 7-43 所示。将画好的图形放在视觉检测架上，按下启动按钮，三伺服龙门结构直角坐标系结构自动将视觉检测到的图像原样或按一定比例放大画出。

图 7-43　方框示意图

附录 A

几种常用传感器性能比较表

类型	示值范围	示值误差	对环境的要求	特点	应用场合
触点	0.2~1mm	±(1~2)μm	对振动较敏感,电路简单,反应速度快,要求一定输入功率	开关量检测,结构简单,电路简单,反应速度快,要求一定输入功率	自动分选、主动检测和报警
电位器	2.5~250mm及以上	直线性0.1%	对振动敏感,一般应有密封结构	操作简单,结构简单,模拟量检测	测量直线和转角位移
应变片	250μm以下	直线性0.3%	不受冲击、温度、湿度的影响	应变检测,电路复杂,动、静态测量	测量力、应力、小位移、振动、速度、加速度
自感互感	±(0.003~1)mm	示值范围0.1mm以下时为±(0.05~0.5)μm	对环境要求低,抗干扰能力强,一般有密封结构	使用方便,信号可进行各种运算处理,可给出多组信号	一般自动检测
涡流	1.5~25mm	直线性0.3%~1%	—	非接触式,响应速度最大可达100kHz	一般自动检测
电容	±(0.003~0.1)mm	与电感传感器相似	易受外界干扰,要考虑良好的屏蔽,要密封	差动结构,接入桥路零残电压小,能进行高倍放大以达到高灵敏度,频率特性好,信号处理与电感相似	一般自动检测,可测带磁工件,可对变介电常数的量进行检测
光电	按应用情况而定	—	易受外界杂光干扰,要有防护罩	非接触检测,反应速度快	检测外观、小孔、复杂形状等特殊场合,或与其他原理结合使用
压电	0~500μm	直线性0.1%	—	分辨率0.01μm,响应速度可达10kHz,限于动态测量	检测粗糙度、振动
霍尔	0~2mm	直线性1%	易受外界磁场干扰,易受温度影响	响应速度高,可达300kHz	检测速度、转速、磁场、位移以及无接触信号

续表

类型	示值范围	示值误差	对环境的要求	特点	应用场合
气动	±(0.02~0.25)mm	示值范围±0.04mm以下时为±(0.2~1)μm	对环境要求低	易实现非接触测量,可进行各种运算,反应速度慢,压缩空气要净化	各种尺寸与形位的自动检测,特别是内孔的各种内表面、软材料工件等
核辐射	0.005~300mm	$\pm(1\mu m + L \times 10^{-2})$[①]	受温度影响大(指电离室),要求特殊防护	非接触检测	轧制板、带及镀层厚度的自动测量
激光	大位移	$\pm(0.1\mu m + 0.1 \times 10^{-6}L)$	环境温度、湿度、气流对其稳定性有影响	易数字化,精度很高,成本高	精度要求高,测量条件好
光栅	大位移	$\pm(0.2\mu m + 2 \times 10^{-6}L)$	油污、灰尘影响工作可靠性,应有防护罩	易数字化,精度较高	大位移、动态测量,用于程控、数控机床中
磁栅	大位移	$\pm(2\mu m + 5 \times 10^6 L)$	易受外界磁场影响,要磁屏蔽	易数字化,结构简单,录磁方便,成本低	
感应同步器	大位移	$\pm(0.25\mu m/250mm)$	对环境要求低	信号易数字化,结构简单,接长方便	

注:① L—被测长度。

附录 B

XC 系列 PLC 性能规格

项　　目		规　　格					
程序执行方式		循环扫描方式					
编程方式		指令、梯形图并用					
处理速度		0.5μs					
停电保持		使用 FlashROM 及锂电池					
用户程序容量[※1]		128KB					
I/O 点数[※2]	总点数	14 点	24 点	32 点	42 点	48 点	60 点
	输入 点数	8 点 X0~X7	14 点 X0~X15	18 点 X0~X21	24 点 X0~X27	28 点 X0~X33	36 点 X0~X43
	输出 点数	6 点 Y0~Y5	10 点 Y0~Y11	14 点 Y0~Y15	18 点 Y0~Y21	20 点 Y0~Y23	24 点 Y0~Y27
内部线圈（X）[※3]		544 点：X0~X1037					
内部线圈（Y）[※4]		544 点：Y0~Y1037					
内部线圈（M）		8768 点	M0~M2999 【M3000~M7999】[※5]				
			特殊用[※6] M8000~M8767				
流程（S）		1024 点	S0~S511 【S512~S1023】				
定时器（T）	点数	640 点	T0~T99：100ms 不累计				
			T100~T199：100ms 累计				
			T200~T299：10ms 不累计				
			T300~T399：10ms 累计				
			T400~T499：1ms 不累计				
			T500~T599：1ms 累计				
			T600~T639：1ms 精确定时				
	规格	100ms 定时器：设置时间 0.1~3276.7s 10ms 定时器：设置时间 0.01~327.67s 1ms 定时器：设置时间 0.001~32.767s					

续表

项　　目		规　　格	
计数器（C）	点数	640 点	C0～C299：16 位顺计数器
			C300～C599：32 位顺/倒计数器
			C600～C619：单相高速计数器
			C620～C629：双相高速计数器
			C630～C639：AB 相高速计数器
	规格	16 位计数器：设置值 K0～32767 32 位计数器：设置值-2147483648～+2147483647	
数据寄存器（D）		9024 字	D0～D3999
			【D4000～D7999】※5
			特殊用※6 D8000～D9023
FlashROM 寄存器（FD）		4096 字	FD0～FD3071
			特殊用※6 FD8000～FD9023
扩展内部寄存器（ED）※7		16384 字	ED0～ED16383※8
高速处理功能		高速计数、脉冲输出、外部中断	
口令保护		6 位长度 ASCII	
自诊断功能		上电自检、监控定时器、语法检查	

附录 C

XC 系列 PLC 基本顺控指令一览表

助记符	功能及可用软元件	回路表示
LD	运算开始常开触点 X、Y、M、S、T、C、Dn.m、FDn.m	M0 常开触点
LDD	直接从触点读取状态 X	直接常开触点
LDI	运算开始常闭触点 X、Y、M、S、T、C、Dn.m、FDn.m	M0 常闭触点
LDDI	直接读取常闭触点 X	直接常闭触点
LDP	上升沿检出运算开始 X、Y、M、S、T、C、Dn.m、FDn.m	M0 上升沿触点
LDF	下降沿检出运算开始 X、Y、M、S、T、C、Dn.m、FDn.m	M0 下降沿触点
AND	串联常开触点 X、Y、M、S、T、C、Dn.m、FDn.m	M0 串联常开
ANDD	直接从触点读取状态 X	直接串联常开
ANI	串联常闭触点 X、Y、M、S、T、C、Dn.m、FDn.m	M0 串联常闭
ANDDI	直接读取常闭触点 X	直接串联常闭

续表

助记符	功能及可用软元件	回路表示
ANDP	上升沿检出串联连接 X、Y、M、S、T、C、Dn.m、FDn.m	M0
ANDF	下降沿检出串联连接 X、Y、M、S、T、C、Dn.m、FDn.m	M0
OR	并联常开触点 X、Y、M、S、T、C、Dn.m、FDn.m	M0
ORD	直接从触点读取状态 X	X0/D
ORI	并联常闭触点 X、Y、M、S、T、C、Dn.m、FDn.m	M0
ORDI	直接读取常闭触点 X	X0/D
ORP	脉冲上升沿检出并联连接 X、Y、M、S、T、C、Dn.m、FDn.m	M0
ORF	脉冲下降沿检出并联连接 X、Y、M、S、T、C、Dn.m、FDn.m	M0
ANB	并联回路块的串联连接 无	
ORB	串联回路块的并联连接 无	
OUT	线圈驱动指令 Y、M、S、T、C、Dn.m	Y0
OUTD	直接输出到触点 Y	Y0/D

续表

助记符	功能及可用软元件	回路表示
SET	线圈接通保持指令 Y、M、S、T、C、Dn.m	─┤├──────────[SET Y0]──
RST	线圈接通清除指令 Y、M、S、T、C、Dn.m	─┤├──────────[RST Y0]──
PLS	上升沿时接通一个扫描周期指令 X、Y、M、S、T、C、Dn.m	─┤├──────────[PLS Y0]──
PLF	下降沿时接通一个扫描周期指令 X、Y、M、S、T、C、Dn.m	─┤├──────────[PLF Y0]──
MCS	公共串联点的连接线圈指令 无	─┤├──┬──┤├────────(Y0)──
MCR	公共串联点的清除指令 无	─┤├──┤├────────(Y0)──
ALT	线圈取反指令 X、Y、M、S、T、C、Dn.m	─┤↑├──────────[ALT M0]──
END	顺控程序结束 无	──────[END]──
GROUP	指令块折叠开始 无	──────[GROUP]──
GROUPE	指令块折叠结束 无	──────[GROUPE]──
TMR	定时	─┤├──────────(T0 K10)──

216

附录 D

XC 系列 PLC 功能指令一览表

指令助记符	功　能	XC 系列 PLC					
		XC1	XC2	XC3	XC5	XCM	XCC
程序流程						
CJ	条件跳转	●	●	●	●	●	●
CALL	子程序调用	●	●	●	●	●	●
SRET	子程序返回	●	●	●	●	●	●
STL	流程开始	●	●	●	●	●	●
STLE	流程结束	●	●	●	●	●	●
SET	打开指定流程，关闭所在流程	●	●	●	●	●	●
ST	打开指定流程，不关闭所在流程	●	●	●	●	●	●
FOR	循环范围开始	●	●	●	●	●	●
NEXT	循环范围结束	●	●	●	●	●	●
FEND	主程序结束	●	●	●	●	●	●
END	程序结束	●	●	●	●	●	●
数据比较						
LD＝	开始（S1）＝（S2）时导通	●	●	●	●	●	●
LD＞	开始（S1）＞（S2）时导通	●	●	●	●	●	●
LD＜	开始（S1）＜（S2）时导通	●	●	●	●	●	●
LD＜＞	开始（S1）≠（S2）时导通	●	●	●	●	●	●
LD＜＝	开始（S1）≤（S2）时导通	●	●	●	●	●	●
LD＞＝	开始（S1）≥（S2）时导通	●	●	●	●	●	●
AND＝	串联（S1）＝（S2）时导通	●	●	●	●	●	●
AND＞	串联（S1）＞（S2）时导通	●	●	●	●	●	●
AND＜	串联（S1）＜（S2）时导通	●	●	●	●	●	●
AND＜＞	串联（S1）≠（S2）时导通	●	●	●	●	●	●
AND＜＝	串联（S1）≤（S2）时导通	●	●	●	●	●	●
AND＞＝	串联（S1）≥（S2）时导通	●	●	●	●	●	●
OR＝	并联（S1）＝（S2）时导通	●	●	●	●	●	●
OR＞	并联（S1）＞（S2）时导通	●	●	●	●	●	●
OR＜	并联（S1）＜（S2）时导通	●	●	●	●	●	●
OR＜＞	并联（S1）≠（S2）时导通	●	●	●	●	●	●
OR＜＝	并联（S1）≤（S2）时导通	●	●	●	●	●	●
OR＞＝	并联（S1）≥（S2）时导通	●	●	●	●	●	●

续表

指令助记符	功能	XC系列PLC					
		XC1	XC2	XC3	XC5	XCM	XCC
数据传送							
CMP	数据的比较	●	●	●	●	●	●
ZCP	数据的区间比较	●	●	●	●	●	●
MOV	传送	●	●	●	●	●	●
BMOV	数据块传送	●	●	●	●	●	●
PMOV	数据块传送	●	●	●	●	●	●
FMOV	多点重复传送	●	●	●	●	●	●
EMOV	浮点数传送		●	●	●	●	●
FWRT	FlashROM的写入	●	●	●	●	●	●
MSET	批次置位	●	●	●	●	●	●
ZRST	批次复位	●	●	●	●	●	●
SWAP	高低字节交换	●	●	●	●	●	●
XCH	两个数据交换	●	●	●	●	●	●
数据运算							
ADD	加法	●	●	●	●	●	●
SUB	减法	●	●	●	●	●	●
MUL	乘法	●	●	●	●	●	●
DIV	除法	●	●	●	●	●	●
INC	加1	●	●	●	●	●	●
DEC	减1	●	●	●	●	●	●
MEAN	求平均值	●	●	●	●	●	●
WAND	逻辑与	●	●	●	●	●	●
WOR	逻辑或	●	●	●	●	●	●
WXOR	逻辑异或	●	●	●	●	●	●
CML	取反	●	●	●	●	●	●
NEG	求负	●	●	●	●	●	●
数据移位							
SHL	算术左移		●	●	●	●	●
SHR	算术右移		●	●	●	●	●
LSL	逻辑左移		●	●	●	●	●
LSR	逻辑右移		●	●	●	●	●
ROL	循环左移		●	●	●	●	●
ROR	循环右移		●	●	●	●	●
SFTL	位左移		●	●	●	●	●
SFTR	位右移		●	●	●	●	●
WSFL	字左移		●	●	●	●	●
WSFR	字右移		●	●	●	●	●
数据转换							
WTD	单字整数转双字整数		●	●	●	●	●
FLT	16位整数转浮点		●	●	●	●	●
DFLT	32位整数转浮点		●	●	●	●	●

续表

指令助记符	功能	XC系列PLC					
		XC1	XC2	XC3	XC5	XCM	XCC
FLTD	64位整数转浮点		●	●	●	●	●
INT	浮点转整数		●	●	●	●	●
BIN	BCD转二进制		●	●	●	●	●
BCD	二进制转BCD		●	●	●	●	●
ASCI	十六进制转ASCII		●	●	●	●	●
HEX	ASCII转十六进制		●	●	●	●	●
DECO	译码		●	●	●	●	●
ENCO	高位编码		●	●	●	●	●
ENCOL	地位编码		●	●	●	●	●
GRY	二进制转格雷码		●	●	●	●	●
GBIN	格雷码转二进制		●	●	●	●	●
浮点运算							
ECMP	浮点数比较		●	●	●	●	●
EZCP	浮点数区间比较		●	●	●	●	●
EADD	浮点数加法		●	●	●	●	●
ESUB	浮点数减法		●	●	●	●	●
EMUL	浮点数乘法		●	●	●	●	●
EDIV	浮点数除法		●	●	●	●	●
ESQR	浮点数开方		●	●	●	●	●
SIN	浮点数SIN运算		●	●	●	●	●
COS	浮点数COS运算		●	●	●	●	●
TAN	浮点数TAN运算		●	●	●	●	●
ASIN	浮点数反SIN运算		●	●	●	●	●
ACOS	浮点数反COS运算		●	●	●	●	●
ATAN	浮点数反TAN运算		●	●	●	●	●
时钟							
TRD	时钟数据读取		●	●	●	●	●
TWR	时钟数据写入		●	●	●	●	●
高速计数							
HSCR	高速计数读取		●	●	●	●	●
HSCW	高速计数写入		●	●	●	●	●
脉冲输出							
PLSY	无加减速时间变化的单向定量脉冲输出		●	●	●	●	●
PLSF	可变频率脉冲输出		●	●	●	●	●
PLSR	相对位置多段脉冲控制		●	●	●	●	●
PLSNEXT/PLSNT	脉冲段切换		●	●	●	●	●
STOP	脉冲停止		●	●	●	●	●
PLSMV	脉冲数立即刷新		●	●	●	●	●
ZRN	原点回归		●	●	●	●	●
DRVI	相对位置单段脉冲控制		●	●	●	●	●

续表

指令助记符	功能	XC 系列 PLC					
		XC1	XC2	XC3	XC5	XCM	XCC
DRVA	绝对位置单段脉冲控制		●	●	●	●	●
PLSA	绝对位置多段脉冲控制		●	●	●	●	●
PTO	相对位置多段脉冲控制				●	●	●
PTOA	绝对位置多段脉冲控制				●	●	●
PSTOP	脉冲停止				●	●	●
PTF	可变频率单段脉冲输出				●	●	●
Modbus 通信							
COLR	线圈读		●	●	●	●	●
INPR	输入线圈读		●	●	●	●	●
COLW	单个线圈写		●	●	●	●	●
MCLW	多个线圈写		●	●	●	●	●
REGR	寄存器读		●	●	●	●	●
INRR	输入寄存器读		●	●	●	●	●
REGW	单个寄存器写		●	●	●	●	●
MRGW	多个寄存器写		●	●	●	●	●
自由格式							
SEND	发送数据		●	●	●	●	●
RCV	接收数据		●	●	●	●	●
RCVST	释放串口		●	●	●	●	●
CAN-bus 通信							
CCOLR	读线圈				●		●
CCOLW	写线圈				●		●
CREGR	读寄存器				●		●
CREGW	写寄存器				●		●
其他							
PID	PID 控制		●	●	●	●	●
NAME_C	C 语言函数调用		●	●	●	●	●
SBSTOP	暂停 BLOCK 执行		●	●	●	●	●
SBGOON	继续执行 BLOCK		●	●	●	●	●
WAIT	等待		●	●	●	●	●
PWM	以指定占空比、频率输出脉冲		●	●	●	●	●
FRQM	测量频率		●	●	●	●	●
STR	精确定时		●	●	●	●	●
STRR	读精确定时寄存器		●	●	●	●	●
STRS	停止精确定时		●	●	●	●	●
EI	允许中断		●	●	●	●	●
DI	禁止中断		●	●	●	●	●
IRET	中断返回		●	●	●	●	●
读写模块							
FROM[※1]	读取模块		●	●	●	●	●
TO[※1]	写入		●	●	●	●	●

注:"●"表示该系列支持当前指令。

附录 E

变频器扩展功能参数一览表

符号注解：
"○"——参数在运行过程中可以修改。
"×"——参数在运行过程中不能修改。
"＊"——只读参数，用户不能够修改。

1. P0 组基本运行参数

功能码	名 称	设定范围	最小单位	出厂设定	更改
		P0 组：基本运行参数			
P0.00	控制方式选择	0：V/F 控制 1：开环矢量控制	1	0	×
P0.01	频率给定通道选择	0：面板模拟电位器 1：键盘增加/减少键给定 2：数字给定 1，操作面板 3：数字给定 2，端子 UP/DOWN 调节 4：数字给定 3，串行口给定 5：VI 模拟给定（VI-GND） 6：CI 模拟给定（CI-GND） 7：端子脉冲（PULSE）给定 8：组合设定（见 P3.00 参数）	1	0	○
P0.02	运行频率数字设定	P0.19 上限频率～P0.20 下限频率	0.01Hz	50.00Hz	○
P0.03	运行命令通道选择	0：操作面板运行频率通道 1：端子运行命令通道 2：串行口运行命令通道	1	0	○
P0.04	运转方向设定	个位： 0——操作面板点动正转 1——操作面板点动反转 十位： 0——允许反转 1——禁止反转	1	00	○
P0.05	正反转死区时间	0.0～120.0s	0.1s	0.1s	○
P0.06	最大输出频率	50.00～500.00Hz	0.01Hz	50.00Hz	×

续表

功能码	名称	设定范围	最小单位	出厂设定	更改
		P0 组：基本运行参数			
P0.07	基本运行频率	1.00～500.00Hz	0.01Hz	50.00Hz	×
P0.08	最大输出电压	1～480V	1V	额定值	×
P0.09	转矩提升	0.0%～30.0%	0.1%	机型设定	○
P0.10	转矩提升截止频率	0.00Hz～基本运行频率 P0.07	0.00	25.00Hz	○
P0.11	转矩提升方式	0：手动；1：自动	1	0	○
P0.12	载波频率	1.0～14.0k	0.1kHz	机型设定	×
P0.13	加减速方式选择	0：直线加减速 1：S 曲线加减速	1	0	×
P0.14	S 曲线低速段时间	10.0%～50.0%（加减速时间） (P0.14+P0.15)＜90%	0.1%	20.0%	○
P0.15	S 曲线直线段时间	10.0%～80.0%（加减速时间） (P0.14+P0.15)＜90%	0.1%	60.0%	○
P0.16	加减速时间单位	0：秒 1：分钟	0	0	×
P0.17	加速时间 1	0.1～6000.0	0.1	机型设定	○
P0.18	减速时间 1	0.1～6000.0	0.1	机型设定	○
P0.19	上限频率	下限频率～最大输出频率 P0.06	0.01Hz	50.00Hz	×
P0.20	下限频率	0.00Hz～上限频率	0.01Hz	0.20Hz	×
P0.21	下限频率运行模式	0：以下限频率运行 1：停机	1	0	×
P0.22	V/F 曲线设定	0：恒转矩曲线 1：降转矩特性曲线 1（1.2 次幂） 2：降转矩特性曲线 2（1.7 次幂） 3：降转矩特性曲线 3（2.0 次幂） 4：多段 V/F 曲线	1	0	×
P0.23	V/F 频率值 P1	0.00～P0.25	0.01Hz	0.00Hz	×
P0.24	V/F 电压值 V1	0～P0.26	0.1%	0.0%	×
P0.25	V/F 频率值 P2	P0.23～P0.27	0.01Hz	0.00Hz	×
P0.26	V/F 电压值 V2	P0.24～P0.28	0.1%	0.0%	×
P0.27	V/F 频率值 P3	P0.25～P0.07 基本运行频率	0.01Hz	0.00Hz	×
P0.28	V/F 电压值 V3	P0.26～100.0%	0.1%	0.0%	×

2. P1 组频率给定参数

功能码	名称	设定范围	最小单位	出厂设定	更改
		P1 组：频率给定参数			
P1.00	模拟滤波时间常数	0.01～30.00s	0.01s	0.20s	○
P1.01	VI 通道增益	0.01～9.99	0.01	1.00	○
P1.02	VI 最小给定	0.00～P1.04	0.01V	0.00V	○
P1.03	VI 最小给定对应频率	0.00～上限频率	0.01Hz	0.00Hz	○

续表

	P1组：频率给定参数				
功能码	名 称	设定范围	最小单位	出厂设定	更改
P1.04	VI最大给定	P1.04～10.00V	0.01V	10.00V	○
P1.05	VI最大给定对应频率	0.00～上限频率	0.01Hz	50.00Hz	○
P1.06	CI通道增益	0.01～9.99	0.01	1.00	○
P1.07	CI最小给定	0.00～P1.09	0.01V	0.00V	○
P1.08	CI最小给定对应频率	0.00～上限频率	0.01Hz	0.00Hz	○
P1.09	CI最大给定	P1.07～10.00V	0.01V	10.00V	○
P1.10	CI最大给定对应频率	0.00～上限频率	0.01Hz	50.00Hz	○
P1.11	PULSE最大输入脉冲频率	0.1～20.0k	0.1k	10.0k	○
P1.12	PULSE最小给定	0.0～P1.14（PULSE最大给定）	0.1k	0.1k	○
P1.13	PULSE最小给定对应频率	0.00～上限频率	0.01Hz	0.00Hz	○
P1.14	PULSE最大给定	P1.12（PULSE最小给定）～P1.11（最大输入脉冲）	0.1k	10.0k	○
P1.15	PULSE最大给定对应频率	0.00～上限频率	0.01Hz	50.00Hz	○
P1.16	CI输入类型参数	0：4～20mA 1：0～10V	—	0	○

3. P2组启动制动参数

	P2组：启动制动参数				
功能码	名 称	设定范围	最小单位	出厂设定	更改
P2.00	启动运行方式	0：从启动频率启动 1：先制动再从启动频率启动 2：检速再启动	1	0	×
P2.01	启动频率	0.20～20.00Hz	0.01Hz	0.50Hz	○
P2.02	启动频率持续时间	0.0～30.0s	0.1s	0.0s	○
P2.03	启动时的直流制动电流	0.0%～80.0%	0.1%	0%	○
P2.04	启动时的直流制动时间	0.0～60.0s	0.1s	0.0s	○
P2.05	停机方式	0：减速 1：自由停车 2：减速＋直流制动	1	0	×
P2.06	停机时直流制动起始频率	0.0～15.00Hz	0.0Hz	3.00Hz	○
P2.07	停机直流制动时间	0.0～60.0s	0.1s	0.0s	○
P2.08	停机时直流制动电流	0.0%～80.0%	0.1%	0.0%	○

4. P3 组辅助运行参数

功能码	名 称	设定范围	最小单位	出厂设定	更改
P3.00	频率输入通道组合	0：VI+CI 1：VI－CI 2：外部脉冲给定＋VI＋键盘增加/减少键给定 3：外部脉冲给定－VI－键盘增加/减少键给定 4：外部脉冲给定＋CI 5：外部脉冲给定－CI 6：RS485 给定＋VI＋键盘增加/减少键给定 7：RS485 给定－VI－键盘增加/减少键给定 8：RS485 给定＋CI＋键盘增加/减少键给定 9：RS485 给定－CI－键盘增加/减少键给定 10：RS485 设定＋CI＋外部脉冲给定 11：RS485 设定－CI－外部脉冲给定 12：RS485 设定＋VI＋外部脉冲给定 13：RS485 设定－VI－外部脉冲给定 14：VI＋CI＋键盘增加/减少键给定＋数字设定 15：VI＋CI－键盘增加/减少键给定＋数字设定 16：MAX（VI，CI） 17：MIN（VI，CI） 18：MAX（VI，CI，PULSE） 19：MIN（VI，CI，PULSE） 20：VI，CI 任意非零值有效，VI 优先	1	0	×
P3.01	参数初始化锁定	个位： 0：所有参数允许修改 1：除了本参数，其他参数不允许修改 2：除了 P0.02 和本参数，其他参数不允许修改 十位： 0：不动作 1：恢复出厂值 2：清除故障记录	1	00	×

续表

功能码	名　称	设定范围	最小单位	出厂设定	更改
		P3 组：辅助运行参数			
P3.02	参数拷贝	0：不动作 1：参数上传 2：参数下载 注：功能开发中	1	0	×
P3.03	自动节能运行	0：不动作 1：动作	1	0	×
P3.04	AVR 功能	0：不动作 1：一直动作 2：仅减速时不动作	1	0	×
P3.05	转差频率补偿	0%～150%	1%	0%	×
P3.06	点动运行频率	0.10～50.00Hz	0.01Hz	5.00Hz	○
P3.07	点动加速时间	0.1～60.0s	0.1s	5.0s	○
P3.08	点动减速时间	0.1～60.0s	0.1s	5.0s	○
P3.09	通信配置	LED 个位：波特率选择 0：1200BPS 1：2400BPS 2：4800BPS 3：9600BPS 4：19200BPS 5：38400BPS LED 十位：数据格式 0：1－7－2 格式，无校验 1：1－7－1 格式，奇校验 2：1－7－1 格式，偶校验 3：1－8－2 格式，无校验 4：1－8－1 格式，奇校验 5：1－8－1 格式，偶校验 6：1－8－1 格式，无校验 （Modbus-RTU 通信方式时，要求用户数据格式选择 3～6。） LED 百位：未定义	1	054	×
P3.10	本机地址	0～247 0：广播地址	1	1	×
P3.11	通信超时检出时间	0.0～1000.0s 0.0：检出功能无效	0.1s	0.0s	×
P3.12	本机应答延时	0～1000ms	1	5ms	×
P3.13	通信频率设定比例	0.01～1.00	0.01	1.00	×
P3.14	加速时间 2	0.1～6000.0	0.1	10.0	○
P3.15	减速时间 2	0.1～6000.0	0.1	10.0	○
P3.16	加速时间 3	0.1～6000.0	0.1	10.0	○

续表

功能码	名　称	设定范围	最小单位	出厂设定	更改
\multicolumn{6}{c}{P3 组：辅助运行参数}					
P3.17	减速时间 3	0.1～6000.0	0.1	10.0	○
P3.18	加速时间 4	0.1～6000.0	0.1	10.0	○
P3.19	减速时间 4	0.1～6000.0	0.1	10.0	○
P3.20	加速时间 5	0.1～6000.0	0.1	10.0	○
P3.21	减速时间 5	0.1～6000.0	0.1	10.0	○
P3.22	加速时间 6	0.1～6000.0	0.1	10.0	○
P3.23	减速时间 6	0.1～6000.0	0.1	10.0	○
P3.24	加速时间 7	0.1～6000.0	0.1	10.0	○
P3.25	减速时间 7	0.1～6000.0	0.1	10.0	○
P3.26	多段频率 1	下限频率～上限频率	0.01Hz	5.00Hz	○
P3.27	多段频率 2	下限频率～上限频率	0.01Hz	10.00Hz	○
P3.28	多段频率 3	下限频率～上限频率	0.01Hz	20.00Hz	○
P3.29	多段频率 4	下限频率～上限频率	0.01Hz	30.00Hz	○
P3.30	多段频率 5	下限频率～上限频率	0.01Hz	40.00Hz	○
P3.31	多段频率 6	下限频率～上限频率	0.01Hz	45.00Hz	○
P3.32	多段频率 7	下限频率～上限频率	0.01Hz	50.00Hz	○
P3.33	跳跃频率 1	0.00～500.00Hz	0.01Hz	0.00Hz	×
P3.34	跳跃频率 1 范围	0.00～30.00Hz	0.01Hz	0.00Hz	×
P3.35	跳跃频率 2	0.00～500.00Hz	0.01Hz	0.00Hz	×
P3.36	跳跃频率 2 范围	0.00～30.00Hz	0.01Hz	0.00Hz	×
P3.37	跳跃频率 3	0.00～500.00Hz	0.01Hz	0.00Hz	×
P3.38	跳跃频率 3 范围	0.00～30.00Hz	0.01Hz	0.00Hz	×
P3.39	设定运行时间	0～65.535k 小时	0.001k	0.000k	○
P3.40	运行时间累计	0～65.535k 小时	0.001k	0.000k	＊
P3.41	显示参数选择 1	0000～FFFF 个位：b-09～b-12 十位：b-13～b-16 百位：b-17～b-20 千位：b-21～b-24	1	0000	○
P3.42	显示参数选择 2	0000～FFFF 个位：b-25～b-28 十位：b-29～b-32 百位：b-33～b-36 千位：b-37～b-40	1	0000	○
P3.43	显示参数选择 3	0000～4040 十位、个位：停止显示参数选择 千位、百位：运行显示参数选择	1	0001	○
P3.44	无单位显示系数	0.1～60.0	0.1	1.0	○
P3.45	JOG/REV 切换控制	0：选择 JOG 点动运行 1：选择 REV 反转运行	1	0	×

5. P4组端子功能参数

功能码	名　称	设定范围	最小单位	出厂设定	更改
P4.00	输入端子 X1 功能选择	0：控制端闲置 1：多段速控制端子1 2：多段速控制端子2 3：多段速控制端子3 4：外部正转点动控制输入 5：外部反转点动控制输入 6：加减速时间端子1 7：加减速时间端子2 8：加减速时间端子3 9：三线式运转控制 10：自由停车输入（FRS） 11：外部停机指令 12：停机直流制动输入指令 DB 13：变频器运行禁止 14：频率递增指令（UP） 15：频率递减指令（DOWN） 16：加减速禁止指令 17：外部复位输入（清除故障） 18：外部设备故障输入（常开） 19：频率给定通道选择1 20：频率给定通道选择2 21：频率给定通道选择3 22：命令切换至端子 23：运行命令通道选择1 24：运行命令通道选择2 25：摆频投入选择 26：摆频状态复位 27：闭环失效 28：简易 PLC 暂停运行指令 29：PLC 失效 30：PLC 停机状态复位 31：频率切换至 CI 32：计数器触发信号输入 33：计数器清零输入 34：外部中断输入 35：脉冲频率输入（仅对 X6 有效） 36：实际长度清零输入	1	1	×

续表

功能码	名称	设定范围	最小单位	出厂设定	更改
\multicolumn{6}{P4 组：端子功能参数}
P4.01	输入端子 X2 功能选择	同上	1	2	×
P4.02	输入端子 X3 功能选择	同上	1	3	×
P4.03	输入端子 X4 功能选择	同上	1	10	×
P4.04	输入端子 X5 功能选择	同上	1	17	×
P4.05	输入端子 X6 功能选择	同上	1	18	×
P4.06	输入端子 X7 FWD 功能选择	同上	1	0	×
P4.07	输入端子 X8 REV 功能选择	同上	1	0	×
P4.08	FWD/REV 运转模式选择	0：两线控制模式 1 1：两线控制模式 2 2：三线控制模式 1 3：三线控制模式 2	1	0	×
P4.09	UP/DOWN 速率	0.01～99.99Hz/s	0.01	1.00Hz/s	○
P4.10	双向开路集电极输出端子 OC 输出选择	0：变频器运转中（RUN） 1：频率到达信号（FAR） 2：频率水平检出信号（FDT1） 3：频率水平检出信号（FDT2） 4：过载早期预报警信号（OL） 5：变频器欠压封锁停机中（LU） 6：外部故障停机（EXT） 7：输出频率达到上限（FH） 8：输出频率达到下限（FL） 9：变频器零转速运行中 10：简易 PLC 阶段运转完成 11：PLC 运行一个周期结束 12：设定计数值到达 13：中间计数值到达 14：变频器运行准备完成（RDY） 15：变频器故障 16：启动频率运行中 17：启动时直流制动中 18：停机制动中 19：摆频上下限限制 20：设定运行时间到达	1	0	×
P4.11	继电器输出选择	同上	1	15	×
P4.12	频率到达（FAR）检出幅度	0.00～50.00Hz	0.01Hz	5.00Hz	○
P4.13	FDT1（频率水平）电平	0.00～上限频率	0.01Hz	10.00Hz	○
P4.14	FDT1 滞后	0.00～50.00Hz	0.01Hz	1.00Hz	○

续表

功能码	名 称	设定范围	最小单位	出厂设定	更改
P4组：端子功能参数					
P4.15	FDT2（频率水平）电平	0.00～上限频率	0.01Hz	10.00Hz	○
P4.16	FDT2滞后	0.00～50.00Hz	0.01Hz	1.00Hz	○
P4.17	模拟输出（AO）选择	0：输出频率（0～上限频率） 1：输出电流（0～2倍电机额定电流） 2：输出电压（0～1.2变频器额定电压） 3：母线电压（0～800V） 4：PID给定 5：PID反馈 6：VI（0～10V） 7：CI（0～10V/4～20mA）	1	0	○
P4.18	模拟输出（AO）增益	0.50～2.00	0.01	1.00	○
P4.19	AO输出类型	0：4～20mA 1：0～10V	—	1	○
P4.20	DO输出端子功能选择	0：输出频率（0～上限频率） 1：输出电流（0～2倍电机额定电流） 2：输出电压（0～1.2变频器额定电压） 3：母线电压（0～800V） 4：PID给定 5：PID反馈 6：VI（0～10V） 7：CI（0～10V/4～20mA） 100：变频器运转中（RUN） 101：频率到达信号（FAR） 102：频率水平检出信号（FDT1） 103：频率水平检出信号（FDT2） 104：过载早期预报警信号（OL） 105：变频器欠压封锁停机中（LU） 106：外部故障停机（EXT） 107：输出频率达到上限（FH） 108：输出频率达到下限（FL） 109：变频器零转速运行中 100：简易PLC阶段运转完成 111：PLC运行一个周期结束 112：设定计数值到达 113：中间计数值到达 114：变频器运行准备完成（RDY） 115：变频器故障 116：启动频率运行中 117：启动时直流制动中 118：停机制动中 119：摆频上下限制 120：设定运行时间到达	1	0	○

续表

功能码	名　称	设定范围	最小单位	出厂设定	更改
P4 组：端子功能参数					
P4.21	DO 最大脉冲输出频率	0.1～20.0k（最大 20kHz）	0.1kHz	10.0kHz	○
P4.22	设定计数值到达给定	P4.23～9999	1	0	○
P4.23	中间计数值到达给定	0～P4.22	1	0	○
P4.24	过载预报警检出水平	20%～200%	1	130%	○
P4.25	过载预报警延迟时间	0.0～20.0s	0.1s	5.0s	○

6．P5 组保护功能参数

功能码	名　称	设定范围	最小单位	出厂设定	更改
P5 组：保护功能参数					
P5.00	电机过载保护方式选择	0：变频器封锁输出 1：不动作	1	0	×
P5.01	电机过载保护系数	20%～120%	1	100%	×
P5.02	过压失速选择	0：禁止 1：允许	1	1	×
P5.03	失速过压点	380V：120%～150% 220V：110%～130%	1%	140% 120%	○
P5.04	自动限流水平	110%～200%	1%	150%	×
P5.05	限流时频率下降率	0.00～99.99Hz/s	0.01Hz/s	10.00Hz/s	○
P5.06	自动限流动作选择	0：恒速无效 1：恒速有效 注：加减速总有效	1	1	×
P5.07	停电再启动设置	0：不动作 1：动作	1	0	×
P5.08	停电再启动等待间	0.0～10.0s	0.1s	0.5s	×
P5.09	故障自恢复次数	0～10 0：表示无自动复位功能（注：过载和过热没有自恢复功能）	1	0	×
P5.10	故障自恢复间隔时间	0.5～20.0s	0.1s	5.0s	×

7. P6组故障记录参数

功能码	名　称	设定范围	最小单位	出厂设定	更改
		P6组：故障记录参数			
P6.00	前一次故障记录	前一次故障记录	1	0	*
P6.01	前一次故障时的输出频率	前一次故障时的输出频率	0.01Hz	0	*
P6.02	前一次故障时的设定频率	前一次故障时的设定频率	0.01Hz	0	*
P6.03	前一次故障时的输出电流	前一次故障时的输出电流	0.1A	0	*
P6.04	前一次故障时的输出电压	前一次故障时的输出电压	1V	0	*
P6.05	前一次故障时的直流母线电压	前一次故障时的直流母线电压	1V	0	*
P6.06	前一次故障时的模块温度	前一次故障时的模块温度	1℃	0	*
P6.07	前二次故障记录	前二次故障记录	1	0	*
P6.08	前三次故障记录	前三次故障记录	1	0	*
P6.09	前四次故障记录	前四次故障记录	1	0	*
P6.10	前五次故障记录	前五次故障记录	1	0	*
P6.11	前六次故障记录	前六次故障记录	1	0	*

8. P7组过程闭环控制参数

功能码	名　称	设定范围	最小单位	出厂设定	更改
		P7组：过程闭环控制参数			
P7.00	闭环运行控制选择	0：闭环运行控制无效 1：闭环运行控制有效	1	0	×
P7.01	给定通道选择	0：数字给定 1：由VI模拟0~10V电压给定 2：由CI模拟给定	1	1	○
P7.02	反馈通道选择	0：由VI模拟输入电压0~10V 1：由CI模拟输入 2：VI+CI 3：VI-CI 4：Min {VI, CI} 5：Max {VI, CI}	1	1	○
P7.03	给定通道滤波	0.01~50.00s	0.01s	0.50s	○
P7.04	反馈通道滤波	0.01~50.00s	0.01s	0.50s	○

续表

功能码	名称	设定范围	最小单位	出厂设定	更改
		P7组：过程闭环控制参数			
P7.05	给定量数字设定	0.00～10.00V	0.01V	0.00V	○
P7.06	最小给定量	0.0～最大给定量P7.08	0.1%	0.0%	○
P7.07	最小给定量对应的反馈量	0.0%～100.0%	0.1%	0.0%	○
P7.08	最大给定量	最小给定量P7.06～100.0%	0.1%	100.0%	○
P7.09	最大给定量对应反馈量	0.0%～100.0%	0.1%	100.0%	○
P7.10	比例增益KP	0.000～999.9	0.001	5.0	○
P7.11	积分增益KI	0.001～999.9	0.001	5.0	○
P7.12	采样周期T	0.01～10.00s	0.01	1.00	○
P7.13	偏差极限	0.0%～20.0%	1%	2.0%	○
P7.14	闭环调节特性	0：正作用 1：反作用 注：给定与转速关系	1	0	×
P7.15	积分调节选择	0：频率到达上下限，停止积分调节 1：频率到达上下限，继续积分调节	1	0	×
P7.16	闭环预制频率	0～上限频率	0.01Hz	0.00Hz	○
P7.17	闭环预制频率保持时间	0.0～250.0s	0.1s	0.1s	×
P7.18	苏醒阀值	0.00～500.00Hz	0.01Hz	0.01Hz	×
P7.19	零频回差	0.00～500.00Hz	0.01Hz	0.01Hz	×

9. P8 简易 PLC 运行参数

功能码	名称	设定范围	最小单位	出厂设定	更改
		P8：简易PLC运行参数			
P8.00	简易PLC运行方式选择	0000～1113 个位：方式选择 　0：不动作 　1：单循环后停机 　2：单循环后保持最终值 　3：连续循环 十位：PLC中断运行再启动方式选择 　0：从第一段重新开始 　1：从中断时刻的阶段频率继续运行 百位：掉电时PLC状态参数存储选择 　0：不存储 　1：存储掉电时的阶段、频率 千位：阶段运行时间单位 　0：秒 　1：分钟	1	0000	×

续表

	P8：简易PLC运行参数				
功能码	名 称	设定范围	最小单位	出厂设定	更改
P8.01	阶段1设置	000～621 LED个位：频率设置 　0：多段频率i（i=1～7） 　1：频率由P0.01功能码决定 LED十位：运转方向选择 　0：正转 　1：反转 　2：由运转指令确定 LED百位：加减速时间选择 　0：加减速时间1 　1：加减速时间2 　2：加减速时间3 　3：加减速时间4 　4：加减速时间5 　5：加减速时间6 　6：加减速时间7	1	000	○
P8.02	阶段1运行时间	0.1～6000.0	0.1	10.0	○
P8.03	阶段2设置	000～621	1	000	○
P8.04	阶段2运行时间	0.1～6000.0	0.1	10.0	○
P8.05	阶段3设置	000～621	1	000	○
P8.06	阶段3运行时间	0.1～6000.0	0.1	10.0	○
P8.07	阶段4设置	000～621	1	000	○
P8.08	阶段4运行时间	0.1～6000.0	0.1	10.0	○
P8.09	阶段5设置	000～621	1	000	○
P8.10	阶段5运行时间	0.1～6000.0	0.1	10.0	○
P8.11	阶段6设置	000～621	1	000	○
P8.12	阶段6运行时间	0.1～6000.0	0.1	10.0	○
P8.13	阶段7设置	000～621	1	000	○
P8.14	阶段7运行时间	0.1～6000.0	0.1	10.0	○

10. P9组摆频及测量功能参数

	P9组：摆频及测量功能参数				
功能码	名 称	设定范围	最小单位	出厂设定	更改
P9.00	摆频功能选择	0：不使用摆频功能 1：使用摆频功能	1	0	×
P9.01	摆频运行方式	00～11 LED个位：投入方式 　0：自动投入方式 　1：端子手动投入方式 LED十位：摆幅控制 　0：变摆幅 　1：固定摆幅	1	00	×

续表

功能码	名称	设定范围	最小单位	出厂设定	更改
		P9组：摆频及测量功能参数			
P9.02	摆频预制频率	0.00～500.00Hz	0.01Hz	0.00Hz	○
P9.03	摆频预制频率等待时间	0.0～3600.0s	0.1s	0.0s	○
P9.04	摆频幅值	0.0%～50.0%	0.1%	0.0%	○
P9.05	突跳频率	0.0%～50.0%（相对于P9.04）	0.1%	0.0%	○
P9.06	摆频周期	0.1～999.9s	0.1s	10.0s	○
P9.07	三角波上升时间	0.0%～98.0%（指摆频周期）	0.1%	50.0%	○
P9.08	设定长度	0.000～65.535km	0.001km	0.000km	○
P9.09	实际长度	0.0～65.535km（掉电存储）	0.001km	0.000km	○
P9.10	长度倍率	0.001～30.000	0.001	1.000	○
P9.11	长度校正系数	0.001～1.000	0.001	1.000	○
P9.12	测量轴周长	0.01～100.00cm	0.01cm	10.00cm	○
P9.13	轴每转脉冲	1～9999	1	1	○

11. PA组矢量控制参数

功能码	名称	设定范围	最小单位	出厂设定	更改
		PA组：矢量控制参数			
PA.00	电机参数自学习功能	0：无操作 1：静止时自学习	1	0	×
PA.01	电机额定电压	0～400V	1	机型确定	×
PA.02	电机额定电流	0.01～500.00A	0.01A	机型确定	×
PA.03	电机额定频率	1～99Hz	1Hz	机型确定	×
PA.04	电机额定转速	1～9999 r/min	1r/min	机型确定	×
PA.05	电机极数	2～48	1	机型确定	×
PA.06	电机定子电感	0.1～5000.0mH	0.1mH	机型确定	×
PA.07	电机转子电感	0.1～5000.0mH	0.1mH	机型确定	×
PA.08	电机定转子互感	0.1～5000.0mH	0.1mH	机型确定	×
PA.09	电机定子电阻	0.001～50.000Ω	0.001Ω	机型确定	×
PA.10	电机转子电阻	0.001～50.000Ω	0.001Ω	机型确定	×
PA.11	转矩电流过流保护系数	0～15	1	15	×
PA.12	速度环比例调节系数	50～120	1	85	×
PA.13	速度环积分调节系数	100～500	1	360	×
PA.14	矢量转矩提升	100～150	1	110	×
PA.15	保留	0	0	0	×
PA.16	保留	1～5	1	4	×
PA.17	励磁	100～150	1	120	×
PA.18	转差补偿系数	0%～150%	1	100	×
PA.19	保留	0～2	1	0	×

12. PB组特殊应用功能参数

功能码	名称	设定范围	最小单位	出厂设定	更改
		PB组：特殊应用功能参数			
PB.00	点动频率源	0～4 0：P3.06 1：面板电位器 2：P0.02 3：VI 4：CI	0	0	○
PB.01	正反转死区时间选择	0、1 0：死区时间始终有效（最小0.1s） 1：死区时间允许为0（需设定P0.05＝0.0s、P0.20≥0.5Hz）	1	0	○
PB.02	变频器类型选择	0：G型（通用型） 1：P型（风机、水泵型，功率等级提高一挡） 注意：设置为1时，须将P0.22设置为3	1	0	×
PB.03	上电前运行端子短接情况下，运行模式设置	0：变频器上电后，便立即运行 1：变频器上电后，需要先断开端子再接通才运行	1	1	×

13. PF组厂家参数

功能码	名称	设定范围	最小单位	出厂设定	更改
		PF组：厂家参数			
PF.00	出厂密码	—	—	—	*
PF.01	用户密码	0：无密码保护 0001～9999：密码保护	1	0000	○
PF.02	软件版本	—	—	—	*
PF.03～PF.10	保留	—	—	—	*

14. B—监控功能参数

B—监控功能参数					
功能码	名 称	设定范围	最小单位	出厂设定	更改
b-00	输出频率	当前的输出频率	0.01Hz		*
b-01	设定频率	当前的设定频率	0.01Hz		*
b-02	输出电压	当前输出电压的有效值	1V		*
b-03	输出电流	当前输出电流的有效值	0.1A		*
b-04	母线电压	当前的直流母线电压	1V		*
b-05	模块温度	IGBT 散热器温度	1℃		*
b-06	负载电机速度	当前负载电机速度	1r/min		*
b-07	运行时间	变频器一次连续运行时间	1h		*
b-08	输入输出端子状态	开关量输入输出端子状态	—		*
b-09	模拟输入 VI	模拟输入 VI 的值	0.01V		*
b-10	模拟输入 CI	模拟输入 CI 的值	0.01V		*
b-11	外部脉冲输入	外部脉冲宽度输入值	1ms		*
b-12	变频器额定电流	变频器额定电流	0.1A		*
b-13	变频器额定电压	变频器额定电压	1V		*
b-14	无单位显示	无单位显示	1		*
b-15	变频器功率等级	变频器功率等级	—		*
b-16	计数当前值显示	计数当前值显示	—		*
b-17	保留	—			*
…	保留	—			*
b-40	保留	—	—		*

附录 F

伺服功能参数一览表

修改及生效时机：

"○"代表伺服 OFF 时修改，伺服 ON 时生效；

"●"代表随时可更改，重新上电后生效；

"√"代表随时可更改，立即生效。

对于十六进制设定的参数，在设定值前加前缀"n."，表示当前设定值为十六进制数。

参数的构成：PX－XX＝n.××　××
　　　　　　　　　　　　PX－XX.H　　PX－XX.L

功能选择 P0

Modbus 地址：0000～00FF

P0-	功能描述	单位	出厂值	设定范围	生效时机
00	主模式	—	0	0	
01	子模式 1 0：空闲 1：转矩（指令） 2：转矩（模拟） 3：速度（接点指令） 4：速度（模拟） 5：位置（内部） 6：位置（脉冲） 7：速度（脉冲）	—	6	0～7	○
02	子模式 2 0～7 描述同上	—	0	0～7	○
03	串口 2 的 Modbus 站号	—	1	1～255	●
04	串口 2 参数	—	n.2206	n.0000～n.2209	●
05	旋转方向选择	—	0	0、1	●

P0-	功能描述	单位	出厂值	设定范围	生效时机
06	06.L：伺服OFF及警报发生时的停止方法，DS2系列固定为"惯性运行停止。停止后，保持惯性运行状态"	—	2	0～2	●
06	06.H：超程（OT）时的停止方法 0～1：惯性运行停止。停止后，保持惯性运行状态。 2：减速运行停止。停止后，改为零箝位状态。转矩设定值：P4-06的紧急停止转矩。 3：减速运行停止。停止后，改为惯性运行状态。转矩设定值：P4-06的紧急停止转矩	—	2	0～3	●
07	T-REF 分配 0：未定义。 1：将 T-REF 作为外部转矩限制输入。 2：未定义。 3：P-CL、N-CL 为 ON 时，将 T-REF 作为外部转矩限制输入	—	0	0～3	○
08	V-REF 分配 0：没有 1：将 V-REF 作为外部速度限制输入	—	0	0、1	○

控制参数 P1

Modbus 地址：0100～01FF

P1-	名 称	单位	出厂值	设定范围	生效时机
00	速度环增益	1Hz	100	1～5000	√
01	速度环积分时间参数	0.1ms	400	1～50000	√
02	位置环增益	1/s	100	1～2000	√
03	参数保留				
04	第2速度环增益	1Hz	250	1～5000	√
05	第2速度环积分时间参数	0.1ms	10000	1～50000	√
06	第2位置环增益	1/s	250	1～2000	√
07	参数保留				
08	参数保留				
09	位置环前馈增益	1%	0	0～100	√
10	前馈滤波器时间参数	0.01ms	0	0～65535	√

位置控制参数 P2

Modbus 地址：0200～02FF

P2-	功　能	单位	出厂值	设定范围	生效时机
00	指令脉冲形态	—	2	1、2	●
01	位置指令滤波器选择	—	0	0、1	●
02	电子齿数比（分子）	—	1	1～65535	○
03	电子齿数比（分母）	—	1	1～65535	○
04	位置指令滤波器时间参数	1ms	0	0～100	●
05	参数保留				
06	额定速度时指令脉冲频率	100Hz	5000	1～10000	○
07	速度指令脉冲滤波时间	0.1ms	20	0～1000	√
08	参数保留				
09	参数保留				
10	内部给定位置模式设定	—	n.0000		●
11	第一段脉冲（低位）	1	0	－9999～＋9999	○
12	第一段脉冲（高位）	1	0	－9999～＋9999	○
13	第一段转速	0.1rpm	0	0～50000	○
14	第一段调整时间	1ms	0	0～65535	○
15	第一段指令滤波时间	0.1ms	0	0～65535	○
P2-16～P2-90 为内部位置第 2 至第 16 段的参数设置					
94.xx□x	寻原点功能开启与否 0：不启用寻原点功能 1：启用寻原点功能	—	0	0～1	●
94.xxx□	离开限位开关方向经过 Z 相信号个数	个	2	1～F（十六进制）	●
95	靠近接近开关的速度	0.1rpm	600	0～50000	○
96	离开接近开关的速度	0.1rpm	100	0～50000	○

速度控制参数 P3

Modbus 地址：0300～03FF

P3-	名　称	单位	出厂值	设定范围	生效时机
00	额定转速对应模拟量	0.01V	1000	150～3000	○
01	内部设定速度 1	rpm	100	－5000～＋5000	√
02	内部设定速度 2	rpm	200	－5000～＋5000	√
03	内部设定速度 3	rpm	300	－5000～＋5000	√
04	JOG 微动速度	rpm	100	0～1000	√
05	软启动加速时间	1ms	0	0～65535	○
06	软启动减速时间	1ms	0	0～65535	○
07	速度指令滤波器时间参数	0.01ms	0	0～65535	○
08	速度反馈滤波器时间参数	0.01ms	20	0～65535	○
09	最大速度限制（max 速度）	r/min	不同电机不同参数	0～5000	●
10	速度指令输入死区电压	0.01V	0	0～100	○

转矩控制参数 P4

Modbus 地址：0400～04FF

P4-	名 称	单位	出厂值	设定范围	生效时机
00	额定转矩对应模拟量	0.01V	1000	150～3000	○
01	转矩指令滤波器时间参数	0.01ms	0	0～65535	○
02	正转转矩限制	1%	300	0～300	√
03	反转转矩限制	1%	300	0～300	√
04	正转侧外部转矩限制	1%	100	0～300	√
05	反转侧外部转矩限制	1%	100	0～300	√
06	紧急停止转矩	1%	300	0～300	○
07	转矩控制时的内部速度限制	rpm	2000	0～5000	○
08	参数保留				
09	内部转矩指令给定	1%	0	－300～300	√
10	转矩指令输入死区电压	0.01V	0	0～100	○

信号参数设置 P5

Modbus 地址：0500～05FF

P5-	名 称	单位	出厂值	设定范围	生效时机
00	定位完成宽度/COIN	指令脉冲	7	0～250	○
01	零箝位速度/ZCLAMP	rpm	10	0～300	○
02	旋转检测速度/TGON	rpm	20	1～1000	○
03	同速信号检测宽度/V-CMP	rpm	10	1～250	○
04	接近输出信号宽度/NEAR	指令脉冲	50	0～10000	○
05	偏差脉冲限值	256 指令脉冲	1000	0～65535	○
06	伺服 OFF 迟延时间（制动器指令）	1ms	0	0～500	○
07	制动器指令输出速度	rpm	100	0～5000	○
08	制动器指令等待时间	1ms	500	10～1000	○
09	输入滤波时间	5ms	0	0～100	√
10	/S-ON 伺服信号 0000：将信号设定为始终"无效"。 0001：从 SI1 端子输入正信号。 0002：从 SI2 端子输入正信号。 0003：从 SI3 端子输入正信号。 0004：从 SI4 端子输入正信号。 0005：从 SI5 端子输入正信号。 0006：从 SI6 端子输入正信号。 0010：将信号设定为始终"有效"。 0011：从 SI1 端子输入反信号。 0012：从 SI2 端子输入反信号。 0013：从 SI3 端子输入反信号。 0014：从 SI4 端子输入反信号。 0015：从 SI5 端子输入反信号。 0016：从 SI6 端子输入反信号。	—	※1	※3	●

续表

P5-	名 称	单位	出厂值	设定范围	生效时机
11	/P-CON 比例动作指令 同上	—	※1	※3	●
12	/P-OT 禁止正转驱动 同上	—	※1	※3	●
13	/N-OT 禁止反转驱动 同上	—	※1	※3	●
14	/ALM-RST 警报清除 同上	—	※1	※3	●
15	/P-CL 正转侧外部转矩限制 同上	—	※1	※3	●
16	/N-CL 反转侧外部转矩限制 同上	—	※1	※3	●
17	/SPD-D 内部设定速度选择 同上	—	※1	※3	●
18	/SPD-A 内部设定速度选择 同上	—	※1	※3	●
19	/SPD-B 内部设定速度选择 同上	—	※1	※3	●
20	/C-SEL 控制方式选择 同上	—	※1	※3	●
21	/ZCLAMP 零箝位 同上	—	※1	※3	●
22	/INHIBIT 指令脉冲禁止 同上	—	※1	※3	●
23	/G-SEL 增益切换 同上	—	※1	※3	●
24	/CLR 脉冲偏移清除 同上	—	※1	※3	●
25	/CHGSTP 换步信号 同上	—	※1	※3	●
26	参数保留				
27	参数保留				
28	/COIN 定位结束 0000：不输出到端子 0001：从 SO1 端子输出正信号。 0002：从 SO2 端子输出正信号。 0003：从 SO3 端子输出正信号。 0011：从 SO1 端子输出反信号。 0012：从 SO2 端子输出反信号。 0013：从 SO3 端子输出反信号	—	※2	※4	●

续表

P5-	名　称	单位	出厂值	设定范围	生效时机
29	/V-CMP 同速检测 同上	—	※2	※4	●
30	/TGON 旋转检测 同上	—	※2	※4	●
31	/S-RDY 准备就绪 同上	—	※2	※4	●
32	/CLT 转矩限制 同上	—	※2	※4	●
33	/VLT 速度限制检测 同上	—	※2	※4	●
34	/BK 制动器联锁 同上	—	※2	※4	●
35	/WARN 警告 同上	—	※2	※4	●
36	/NEAR 接近 同上	—	※2	※4	●
37	/ALM 报警 同上	—	※2	※4	●
38	/Z 编码器 Z 信号 同上		※2	※4	●

注：※1——各型号伺服驱动器对应的输入端子出厂值。
　　※2——各型号伺服驱动器对应的输出端子出厂值。
　　※3——各型号伺服驱动器对应的输入端子分配。
　　※4——各型号伺服驱动器对应的输出端子分配。

Modbus 地址

所有 Modbus 地址区采用 16 进制。

- 参数地址

参数号	Modbus 地址	参数号	Modbus 地址	参数号	Modbus 地址	参数号	Modbus 地址
P0-00	0x0000	P1-00	0x0100	P2-00	0x0200	P3-00	0x0300
P0-01	0x0001	P1-01	0x0101	P2-01	0x0201	P3-01	0x0301
P0-02	0x0002	P1-02	0x0102	P2-02	0x0202	P3-02	0x0302
P0-03	0x0003	P1-03	0x0103	P2-03	0x0203	P3-03	0x0303
P0-04	0x0004	P1-04	0x0104	P2-04	0x0204	P3-04	0x0304
P0-05	0x0005	P1-05	0x0105	P2-05	0x0205	P3-05	0x0305
P0-06	0x0006	P1-06	0x0106	P2-06	0x0206	P3-06	0x0306
P0-07	0x0007	P1-07	0x0107	P2-07	0x0207	P3-07	0x0307
P0-08	0x0008	P1-08	0x0108			P3-08	0x0308
		P1-09	0x0109			P3-09	0x0309
		P1-10	0x010A			P3-10	0x030A

续表

参数号	Modbus 地址	参数号	Modbus 地址	参数号	Modbus 地址	参数号	Modbus 地址
P4-00	0x0400	P5-00	0x0500	P5-13	0x050D	P5-26	0x051A
P4-01	0x0401	P5-01	0x0501	P5-14	0x050E	P5-27	0x051B
P4-02	0x0402	P5-02	0x0502	P5-15	0x050F	P5-28	0x051C
P4-03	0x0403	P5-03	0x0503	P5-16	0x0510	P5-29	0x051D
P4-04	0x0404	P5-04	0x0504	P5-17	0x0511	P5-30	0x051E
P4-05	0x0405	P5-05	0x0505	P5-18	0x0512	P5-31	0x051F
P4-06	0x0406	P5-06	0x0506	P5-19	0x0513	P5-32	0x0520
P4-07	0x0407	P5-07	0x0507	P5-20	0x0514	P5-33	0x0521
P4-08	0x0408	P5-08	0x0508	P5-21	0x0515	P5-34	0x0522
P4-09	0x0409	P5-09	0x0509	P5-22	0x0516	P5-35	0x0523
P4-10	0x040A	P5-10	0x050A	P5-23	0x0517	P5-36	0x0524
		P5-11	0x050B	P5-24	0x0518	P5-37	0x0525
		P5-12	0x050C	P5-25	0x0519	P5-38	0x0526

- 监视状态地址（U 组、F3 组）

说　明	Modbus 地址	说　明	Modbus 地址
电机转速	0x0700	当前报警代码	0x0716
速度指令	0x0701	当前警告代码	0x0717
内部转矩指令	0x0702	报警/警告代码 1	0x0718
旋转角（物理角度）	0x0703	报警发生时的 U 相电流	0x0719
旋转角（电角度）	0x0704	报警发生时的 V 相电流	0x071A
母线电压	0x0705	报警发生时的直流母线电压	0x071B
模块温度	0x0706	报警发生时的 IGBT 模块温度	0x071C
输入指令脉冲速度	0x0707	报警发生时的速度	0x071D
偏移脉冲值（低 16 位）	0x0708	报警发生时的内部转矩指令	0x071E
偏移脉冲值（高 16 位）	0x0709	报警发生时的 V-REF 值	0x071F
旋转角（低 16 位）	0x070A	报警发生时的 T-REF 值	0x0720
旋转角（高 16 位）	0x070B	报警/警告代码 2	0x0728
输入指令脉冲数（低 16 位）	0x070C	报警/警告代码 3	0x0729
输入指令脉冲数（高 16 位）	0x070D	报警/警告代码 4	0x072A
反馈脉冲数（低 16 位）	0x070E	报警/警告代码 5	0x072B
反馈脉冲数（高 16 位）	0x070F	报警/警告代码 6	0x072C
当前累计位置（低 16 位）	0x0710	报警/警告代码 7	0x072D
当前累计位置（高 16 位）	0x0711		
当前电流	0x0712		
模拟量输入（速度）	0x0713		
模拟量输入（转矩）	0x0714		

- 输入信号状态（可读可写）

说　明	Modbus 地址	说　明	Modbus 地址
/S-ON 伺服信号	0x0800	/SPD-A 内部设定速度选择	0x0808
/P-CON 比例动作指令	0x0801	/SPD-B 内部设定速度选择	0x0809
/P-OT 禁止正转驱动	0x0802	/C-SEL 控制方式选择	0x080A
/N-OT 禁止反转驱动	0x0803	/ZCLAMP 零箝位	0x080B
/ALM-RST 警报清除	0x0804	/INHIBIT 指令脉冲禁止	0x080C
/P-CL 正转侧外部转矩限制	0x0805	/G-SEL 增益切换	0x080D
/N-CL 反转侧外部转矩限制	0x0806	/CLR 脉冲清除	0x080E
/SPD-D 内部设定速度选择	0x0807	/CHGSTP 换步	0x080F

- 输出信号状态（可读不可写）

说　明	Modbus 地址	说　明	Modbus 地址
定位结束（/COIN）	0x0812	制动器联锁（/BK）	0x0818
同速检（/V-CMP）	0x0813	警告（/WARN）	0x0819
旋转检测（/TGON）	0x0814	接近（/NEAR）	0x081A
准备就绪（/S-RDY）	0x0815	报警输出（/ALM）	0x081B
转矩限制（/CLT）	0x0816	编码器 Z 信号（/Z）	0x081C
速度限制检测（/VLT）	0x0817		

附录 G

常见问题处理

一、PLC 部分常见问题处理

Q1：PLC 如何和 PC 连接？

① 如果您的 PC 机为台式，由于一般的商用台式计算机自带 9 针串口，所以您可以直接通过 DVP 线（请使用信捷公司专用的 DVP 线）将 PC 与 PLC（通常为 PORT1 口）进行连接；当 DVP 线正确连接好后，给 PLC 上电，单击 PLC 编辑软件上的"软件串口设置 "图标，将会跳出如图 1 所示窗口。

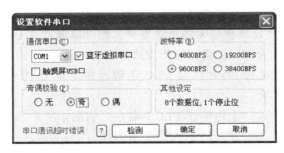

图 1 设置软件串口窗口

此时您可以根据 PC 机的实际串口，选择正确的通信串口号；波特率选择"19200BPS"，奇偶校验选择偶校验，8 个数据位，1 个停止位；您也可以通过直接单击窗口里面的"检测"按钮，由 PLC 自行选择通信参数，成功连接后的窗口左下角将会显示"成功连接 PLC"，如图 2 所示。

图 2 PLC 与 PC 机成功连接

至此，您已经成功将 PLC 与 PC 机成功连接！

② 如果您使用的 PC 机为笔记本，且笔记本带有 9 针串口，使用方式与台式计算机的使用方式相同。

③ 如果您使用的笔记本没有 9 针串口，您可以通过 USB 转串口线实现 PLC 与笔记本上 USB 口的连接。请务必正确安装 USB 转串驱动软件（推荐您选用信捷专用的 USB 转串模块 COM-USB，USB 转串驱动软件可在信捷官方网站上下载）。

Q2：PC 显示当前处于脱机状态，无法与 PLC 连接？

导致这种状况主要是由于以下几种原因：

① 用户修改了 PLC 上的 PORT1 口的通信参数（请勿随意修改 PORT1 口的通信参数，否则将会导致您的 PC 与 PLC 无法连接）。

② USB 转串驱动软件的安装不正确或者 USB 转串口线的性能不好。

③ PLC 的 PORT1 通信口损坏。

④ 使用的不是信捷公司专用的 DVP 下载通信线。

处理办法：

① 首先，请确认 PC 与 PLC 连接的通信线是否为信捷公司专用的 DVP 线，如果不是，请更换成信捷公司专用的 DVP 通信线。

② 如果确认连接线是信捷公司专用的 DVP 线并且使用了 USB 转串，您可以找一台带有 9 针串口的台式计算机尝试与 PLC 进行连接，如果与台式计算机可以正常连接，请更换性能更好的 USB 转串口线或者重新安装 USB 转串驱动软件。

③ 如果 PLC 与台式计算机也无法正常连接，您可以通过"上电停止 PLC"功能停止 PLC，同时将 PLC 恢复为出厂设置。操作方式如下：

A、将 PLC 上电并通过 DVP 线与 PLC 正确连接，单击 PLC 编辑软件菜单栏上的"PLC 操作"，如图 3 所示。

B、从下拉菜单中单击"上电停止 PLC"命令，如图 4 所示。

图 3　选择 PLC 操作

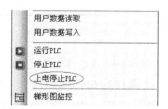

图 4　选择上电停止功能

C、将会跳出如图 5 所示的窗口。

图 5　上电停止窗口

D、此时，您直接将 PLC 电源断电，断电 2～3s 再重新给 PLC 上电，正常情况下会跳出一个上电停止成功窗口；如果 PLC 重新上电没有跳出上电停止成功窗口，可以重新再尝试几次，直至跳出成功停止窗口，如图 6 所示。

E、直接单击上电停止成功窗口中的"确定"按钮，再单击 PLC 编辑软件菜单栏上的"PLC 设置"，如图 7 所示。

图 6　上电停止成功窗口

图 7　选择 PLC 设置

F、从下拉菜单中单击"PLC 初始化"命令，如图 8 所示。

G、此时，将会跳出初始化成功窗口，至此，PLC 的"上电停止 PLC"操作全部完成，您可以成功将 PLC 与 PC 机连接上了，如图 9 所示。

H、如果您在第 F 步中多次尝试都未成功的话，或者在第 F 步单击"PLC 初始化"命令时跳出的是如图 10 所示窗口。

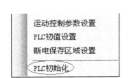  

图 8　选择上电停止功能　　图 9　PLC 初始化成功提示信息　　图 10　PLC 无法初始化窗口

在这两种情况下，只能通过 PLC 的系统更新工具将 PLC 的系统重新更新一下，更新成功后，PLC 就可以与 PC 机成功连接（详细的系统更新步骤及要求请参见下文的 Q3 相关内容）。

如果通过自带 9 针串口的台式计算机做 PLC 系统更新，若系统更新不成功或者无法更新时，极有可能 PLC 的通信口损坏，请直接与代理商或者厂家联系。

Q3：XC 系列 PLC 系统更新相关问题。

1. 一般何种情况下需要进行 PLC 系统更新

① 由于软件结构优化和功能增强的需要，PLC 软件处于不断升级阶段，软、硬件版本的不匹配将导致老版本的 PLC 不支持部分升级后的新功能的问题。为了解决这个问题，可以通过 PLC 系统更新功能，将老版本的 PLC 硬件系统升级到新的版本，以使用新的指令功能。

② 当用户不小心修改了通信串口的通信参数后，导致 PLC 与 PC 机无法联机时，可以通过系统更新来解决，见上文 Q2。

③ 当您使用了保密下载程序功能却忘记了密码，导致 PLC 无法使用时，您可以通过系统自更新来解决（注意：系统自更新后，PLC 里原有程序会丢失！）。

2. 如何对 XC 系列 PLC 的系统更新

PLC 自更新需要的工具:"XC 系列 PLC 系统程序下载工具"和"下位机系统文件(*.sys 文件)"。

① 首先,将您桌面上打开的可能会占用串口的软件全部关掉。

② 将 PLC 断电,然后打开"XC 系列 PLC 系统程序下载工具",如图 11 所示。(注意:如果是首次使用请先安装"注册",再打开"XC 系列 PLC 系统程序下载工具",否则可能无法正常打开"XC 系列 PLC 系统程序下载工具")。

③ 在"打开文件"菜单项中打开您需要更新的下位机系统文件。如图 12 所示是 XC3-60 系列 60 点 PLC 的下位机系统更新文件。

图 11　打开 XC 系列 PLC 系统程序下载工具　　　图 12　打开下位机系统更新文件

A、设置参数:单击"设置参数"菜单项,如图 13 所示,然后出现参数设置界面,如图 14 所示。按照实际使用的串口设定通信端口,而"PLC 下载地址"与"下载文件地址"无须更改。

图 13　选择 PLC 系统程序下载工具参数设置

B、参数设置完毕,然后单击"下载",出现如下面方框里面的文字,接着给 PLC 上电,PLC 就开始自更新了。更新可能需要几分钟的时间,当数据停止更新出现"传送完毕"时说明已经完毕。整个过程如图 15 所示。

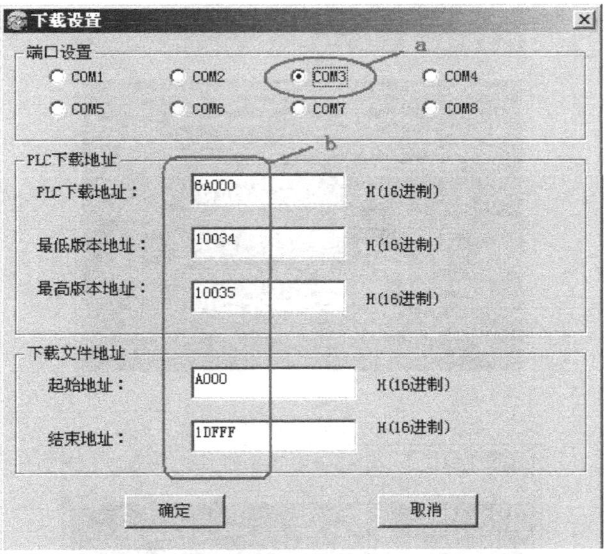

图 14　PLC 系统程序下载工具参数设置界面

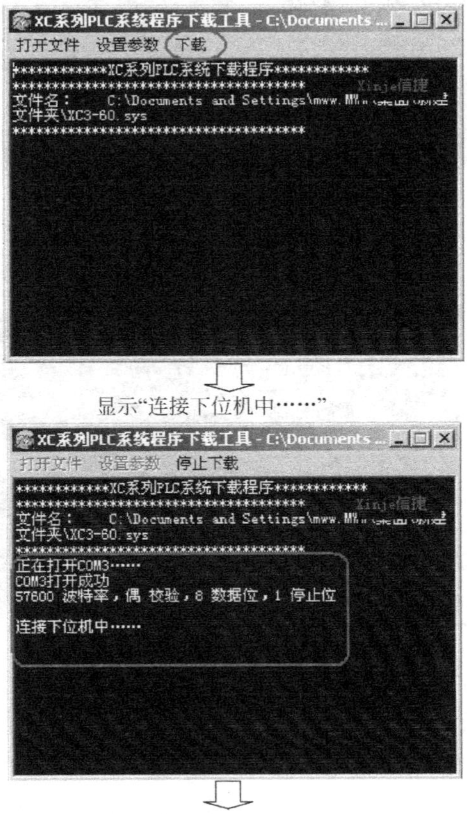

显示"连接下位机中……"

图 15　PLC 自更新过程

给PLC上电,显示"连接下位机成功"

正在更新中……

更新完毕

图15 （续）

C、更新完毕后给PLC从新上电就可以了。

3. 对XC系列PLC进行系统更新时的注意事项

① PLC硬件版本为V2.5～V3.1的系统最高只能更新到V3.1，无法更新到V3.2及以上的版本。

② PLC硬件版本为V3.2及以上的系统最高可以更新到V3.3，无法更新到V3.1及

以下的版本。

③ PLC 硬件版本可以在编辑软件的左边"工程栏"中查看，找到"PLC 本体信息"并单击，将会显示"PLC 信息"窗口（联机状态下），如图 16 所示。

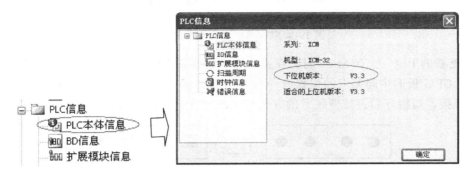

图 16 查看 PLC 硬件版本过程

④ 更新的 PLC 为 XC1、XC2 系列时，在更新之前请将 PLC 的上盖打开，将 PLC 面向自己正放，如图 17 所示。

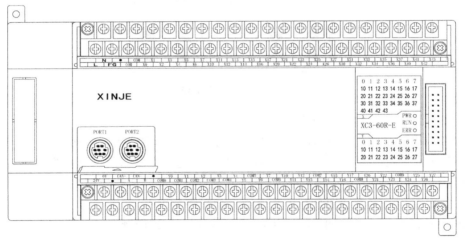

图 17 PLC 面向自己正放示意图

CPU 板的中间偏上的位置有两根横着的引脚，请将这两根引脚短接，短接好后再按照正常的方式对系统进行更新，如图 18 所示。

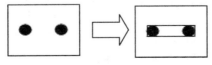

图 18 XC1、XC2 自更新前接线

⑤ 更新的 PLC 为 XCM-24/32 时，在更新之前需要将 PLC 的上盖打开，将 PLC 面向自己正放，CPU 板的中间偏上的位置有三行（JP1/JP2/JP3）两排的 6 个引脚，请将下面两行（JP2/JP3）的引脚分别进行短接，短接好后再按照正常的方式对系统进行更新，如图 19 所示。

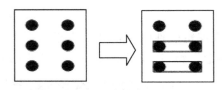

图 19　XCM-24/32 自更新前接线

⑥ 更新的 PLC 为 XCM-60 时,在更新之前需要将 PLC 的上盖打开,将 PLC 面向自己正放,CPU 板的中间偏上的位置有一行共 4 个引脚,请将左边两个与右边两个引脚分别进行短接,短接好后再按照正常的方式对系统进行更新,如图 20 所示。

图 20　XCM-60 自更新前接线

⑦ 更新的 PLC 为 XCC-24/32 时,在更新之前需要将 PLC 的上盖打开,将 PLC 面向自己正放,在上面的 CPU 板的中间偏上的位置有两行两排的 4 个引脚,需要将下面两排的引脚分别进行短接,短接好后再按照正常的方式对系统进行更新,如图 21 所示。

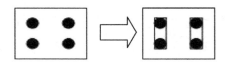

图 21　XCC-24/32 自更新前接线

⑧ 其他型号的 PLC 系统自更新时无须进行针脚短接。

⑨ 在进行 PLC 系统自更新的过程中,切勿使 PLC 断电或者是瞬间断电,否则将会导致 PLC 无法进行系统自更新。万一出现这种情况(通常会显示发送数据失败、ID 不匹配和重新上电没有反应等),无法对 PLC 进行系统自更新时,请与代理商或者厂家联系。

⑩ 当 PLC 经过系统自更新后,里面原有的程序会丢失。

Q4：XC 系列 PLC 三个指示灯（PWR/RUN/ERR）的问题。

指示灯现象	可能存在的问题	处理办法
PWR 灯闪,其余灯灭	1. I/O 板短路 2. 24V 负载过大 3. 下载无程序后没有单击运行	检查 I/O 端子接线是否有短路,本体 24V 电源输出的负载是否过大,确认是否在下载完程序后单击了运行按钮,排除以上两种可能后仍无效的话请与厂家联系
三个灯都不亮	1. PLC 的接入电源短路 2. PLC 硬件的内部电源板损坏	请检查 PLC 的接入电源是否短路或者有其他问题,若不存在电源问题请与厂家联系
PWR 灯亮,ERR 灯亮	1. PLC 接入电源电压不稳定 2. 程序存在死循环 3. PLC 系统可能存在问题	首先请确认接入电源是否稳定,如果电源稳定,查看程序是否会存在死循环,若程序确认无误,可以通过 PLC 系统自更新进行系统自更新,如果仍然无效的话,请与厂家联系

Q5：为什么进行浮点数运算时结果不正确？

进行浮点数运算时，必须先将相关参数从整数转化为浮点数。例如：浮点数除法 EDIV D0 D2 D10，以及将寄存器 D0 的值除以寄存器 D2 的值，将相除的结果（浮点数）存放在寄存器 D10 里面。如果在执行此指令之前，寄存器 D0、D2 里面的值为整数，则寄存器 D10 里面的内容将会发生错误，需要分别将寄存器 D0、D2 里面的整数值转化为浮点数后，再执行浮点数除法指令。浮点运算前转换举例梯形图如图 22 所示。

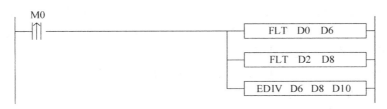

图 22　浮点运算前转换举例梯形图

Q6：为什么算出来的浮点数在梯形图上监控显示了一个乱码？

由于梯形图中无法显示浮点数，所以需要监控浮点数时，可以通过编辑软件工具栏上的"自由监控 "图标对浮点数进行监控。假如要监控的浮点数的数值存放在寄存器 D10 里，监控步骤如下：

① 单击编辑软件工具栏上面的"自由监控"图标，在编辑软件的下方将会跳出数据监控栏，在数据监控栏中单击"添加"按钮，将会弹出监控节点输入窗口，如图 23 所示。

图 23　监控节点输入窗口

② 在"监控节点"框中输入 D10，"监控模式"选择"浮点"，单击"确认"按钮即可。您将会在自由监控栏中监控寄存器 D10 里面的浮点数数值。

Q7：为什么用了 DMUL 指令后出现数据错误？

由于 DMUL 指令运算时，是 32 位 * 32 位 = 64 位的运算，所以运算结果占用了 4 个字。例如：EMUL D0 D2 D10，两个乘数都是 32 位（D1、D0）与（D3、D2），乘积的结果为 64 位（D13、D12、D11、D10），所以 D10~D13 连续 4 个寄存器都被占用，不能够再作他用，而用户往往会忽略这一点在程序中使用了寄存器 D12~D13，进而导致运算时数据出错。

Q8：为什么设备运行了一段时间后输出点输出动作异常？

可能是输出端子的端子座松脱接触不良，检查配线或者端子是否有松脱情形。

Q9：XC 系列 PLC 有哪几种程序下载模式，各有什么特点呢？

XC 系列 PLC 具有三种程序下载模式，分别如下。

- **普通下载模式**：此模式下，您可以方便自由地将计算机上的程序下载到 PLC 里或者将 PLC 里的程序上传到计算机上，一般在设备调试时使用此模式将会很方便。
- **密码下载模式**：您可以给 PLC 设定一个密码，当您将 PLC 里的程序上传到计算机上时，您需要输入正确的密码，在密码高级选项中您还可以勾选"下载程序需要先解密"功能（注意：此操作危险，如遗忘口令，您的 PLC 将被锁!）。此下载模式适合用户需要对设备程序进行保密时且自己可以随时调出设备程序时使用。
- **保密下载模式**：在此模式下将计算机上的程序下载到 PLC 里面，用户不管通过什么方法都无法将 PLC 里的程序上传到计算机上；同时保密下载用户程序，可以占用更少的 PLC 内部资源，使 PLC 的程序容量大大增大，能够拥有更高的下载速度。使用此下载模式后程序将彻底无法恢复。

Q10：XC 系列 PLC 如何在编辑软件中加入软元件和行的注释呢？

1. 软元件注释

XC 系列 PLC 编辑软件在对软元件进行注释时，先将鼠标光标移动到对应的软元件上然后右击鼠标，将会弹出下拉菜单，如图 24 所示。

单击"修改软元件注释"命令，将会跳出编辑软元件注释编辑窗口，如图 25 所示，输入注释内容即可。

图 24　右击软元件后弹出的下拉菜单　　　　图 25　编辑软元件注释窗口

2. 行注释

在对行进行注释时，只要在相应行的最左端双击鼠标左键，然后在弹出的输入框中输入以";"符号开始的注释语句。

注意：";"必须是英文输入状态下的分号，而不是中文状态下的"；"，如图 26 所示。

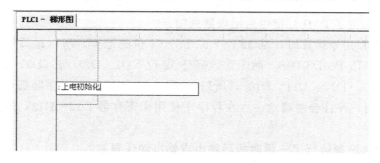

图 26　行注释输入

按 Enter 键，行注释完成，如图 27 所示。

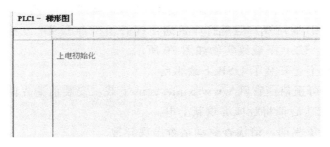

图 27　行注释

二、触摸屏部分常见问题处理

Q1：为什么触摸屏软件不能正常安装或使用？
① 安装之前，请关闭杀毒软件和系统优化工具。
② 安装成功后，双击桌面上的软件快捷图标，弹出图 28 所示提示。

图 28　触摸屏打开时错误提示

原因：当前计算机的颜色模式过低。
方法：右击桌面，选择"属性"命令，在"设置"选项卡中，将颜色质量改为"最高（32 位）"，如图 29 所示。

图 29　修改电脑属性—颜色质量

Q2：TH、TG 系列触摸屏程序无法下载怎么办？

TH、TG 系列触摸屏的程序下载需要使用 USB 下载线进行下载，用户可以从信捷购买或借用打印机 USB 通信线。但是打印机通信线必须符合 USB2.0 标准，带屏蔽层，一端方形，一端扁形。USB 下载线实物如图 30 所示。

1. 检查计算机上否安装了 USB 下载驱动

USB 下载驱动可至信捷官网 www.xinje.com 下载（安装前请先阅读驱动包里的安装说明），驱动安装成功后请将触摸屏重新上电。

2. 若已经安装了驱动，请检查驱动是否出现异常

将 USB 下载线两端分别插在计算机 USB 口和触摸屏 USB 下载口上，给触摸屏供电，在计算机桌面上右键单击"我的电脑"，选择"属性"命令，在"硬件"选项卡中选择"设备管理器"。如果计算机上已经成功安装了 USB 下载驱动，在"设备管理器/通用串行总线控制器"中会有如图 31 所示红色标注信息。

图 30　USB 下载线实物　　　　图 31　查看是否已成功安装 USB 驱动

如果没有，则需要重新安装 USB 下载驱动；如果有，确认 Thinget USB 驱动前面是否有个黄色的感叹号，如果有，则需要重新更新驱动程序。

3. USB 驱动无法成功安装

① 请关闭杀毒软件和系统优化工具。

② 查看当前计算机属于什么操作系统，若是 Win7 64 位操作系统，请使用 Win7 64 位专用驱动重新更新驱动程序。

③ USB 下载线驱动安装方法有两种，见驱动包里的使用说明，可以依次尝试。

④ 若排除以上可能仍然无法安装 USB 下载线驱动，请与信捷公司触摸屏技术支持联系。

4. USB 驱动正常安装，仍然下载不了程序

① 检查显示器型号是否和使用中的触摸屏型号一致。

原因：客户用 TH、TG 屏替换 TP 屏，但是程序中型号忘记转换，把 TP 的程序下载到 TH、TG 的触摸屏中去。

方法：显示器型号在"文件/系统设置/显示器"中查看。

② USB 下载电缆不合格。

在不确定问题所在的情况下，可以换根新线。现在市面上购买的一些 USB 下载线非屏蔽线，抗干扰能力差，建议使用 1.2m 以内的屏蔽线缆。

③ 试着重新插拔 USB 下载线或重启一下触摸屏。

④ 以上都确定无误，若仍然无法下载，则把 TH、TG 系列触摸屏背面 2 号拨码置 ON 后重新上电，进行 USB/串口强制下载。

⑤ 检查是否存在干扰。

建议对触摸屏使用独立 24V 的开关电源供电，电源上不能同时接其他设备，触摸屏周围不要启动变频器等高干扰设备。有条件的话可以把屏移至无高干扰设备的地方下载，如办公室。

⑥ 部分计算机的 USB 接口抗干扰能力弱或 USB 口易损坏。

建议换用其他计算机进行下载，查看是否下载成功。

⑦ 有些笔记本充电电源不是很稳定。

建议下载程序时，拔掉计算机的供电电源，再去下载程序。

Q3：为什么触摸屏程序不能上传？如何设置才能上传？

原因：工程下载前没有在"工具/选项"选项卡中勾选"完整下载"复选框，因此触摸屏的程序不能上传。

现象：触摸屏程序上载时提示"不存在工程"。

要使用双下载箭头" "，上载时有如图 32 所示提示。

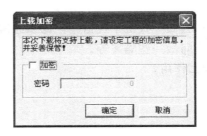

图 32　上载加密提示

Q4：为什么无法正常通信，屏上显示"正在通信……"？

① 下载"触摸屏与 PLC 连接通信手册"。

首先，用户可以在信捷官网下载"触摸屏与 PLC 连接通信手册"，查找相应的通信设备类型，参考一些通信特别注意点。

② 检查通信电缆接线是否正确。

检查触摸屏与设备间的通信电缆接线是否正确，通信线接线方法可在官网下载"触摸屏与 PLC 连接通信手册"查阅。

③ 请用万用表检查通信电缆是否接触不良或损坏。

④ 工程选择的 PLC 机型和实际连接 PLC 机型是否相符。

⑤ 检查通信参数的设置。

触摸屏的通信参数必须和通信设备的通信参数保持一致，如设备类型、站号、波特率、停止位、数据位、奇偶校验。

一般 PLC 参数下载完成后，PLC 需要重新上电才会生效。

⑥ 可新建一个简单程序做测试，这样便于查找原因。

若新建的程序通信正常，用户就需要要检查工程界面中的内容，尤其是按钮、数据输入等与通信设备有关的部件，检查这些部件所选择的设备、站号是否正确。例如，触摸屏与信捷 PLC 通信，PLC 的站号为 1，并通过电缆与屏的 PLC 口连接。在编辑界面上，添加了一个对 PLC 内的软元件 M0 置位的按钮，那么这个按钮的"站点号"就要设置为 1，"设备"栏选择 PLC 口，如图 33 所示。

图 33 设备口选择

⑦ 确定当前使用的触摸屏通信口。

触摸屏有两个通信口，分别为 PLC 口、Download 口，确定触摸屏是用哪个口通信的，不要插错通信口，若使用 PLC 口，则且每个部件的设备都应该是"PLC 口"。

⑧ 观察通信窗口里的站点号。

若用户可以确定通信设备的站号，如设备站号是 1，但是触摸屏上弹出的通信窗口是"正在通信，PLC 站号 0……"，则触摸屏程序中肯定存在某些控件的站号是 0，用户需要检查工程所有部件站点号是否有误，并将站号改为 1。

⑨ 现场干扰。

排查现场是否有干扰，适当做一些抗干扰措施，比如通信线加屏蔽层、触摸屏使用独立电源、触摸屏和高频设备之间做一些隔离等。

Q5 触摸屏拨码开关有什么作用？

TH、TG 系列：

1 号、4 号拨码未定义；

2 号 ON，强制下载；

3 号 ON，系统菜单、时钟校准、触摸校准、U 盘程序导入。

三、机器视觉部分常见问题处理

Q1：软件安装异常。

软件安装异常主要出现在用户在计算机上首次安装或使用 X-Sight 软件的过程中，主要表现为无法安装或安装软件后无法打开。

① 无法安装软件。

若安装 X-Sight 视觉软件的计算机之前未安装过类似的工业软件，则在安装 X-Sight 软件之前需要先安装 framework 2.0（或以上的版本）软件。

② 安装后无法打开软件。

若成功安装 X-Sight 软件后，无法运行该软件，则主要可能是如下几个原因：

➤ 未安装 VC 运行库，此时请联系信捷公司的技术人员，安装相应的 VC 运行库即可。运行库的名称如图 34 所示。
- 防火墙未关闭。防火墙阻止本软件的运行，关闭系统的防火墙即可。
- 系统主题被修改。Windows7 系统请选择默认的 Windows7 主题，如图 35 所示。

图 34　运行库的名称　　　　　　　图 35　Windows7 主题

- Windows XP 系统下，请选择默认的 Windows XP 主题（非 Windows 经典主题），如图 36 所示。

图 36　Windows XP 主题

Q2：固件更新错误。
① 无法打开固件更新工具。
单击"系统"→"固件升级"命令后未弹出固件更新工具界面，则主要原因是系统防火墙未关闭，阻止了更新工具界面的弹出。
② 无法连接固件更新工具。
弹出固件更新工具界面后，相机断电再上电，若固件更新工具一直显示"未连接智能相机"，右上角显示红色 X，如图 37 所示，则说明无法连接固件更新工具，可以从如下几个方面进行排查：

➢ 相机线路是否连接正常。检查相机电源、网线是否连接正常。
➢ IP 地址是否设定为"192.168.8.253"。
➢ 检查系统的主题是否均为默认的主题。

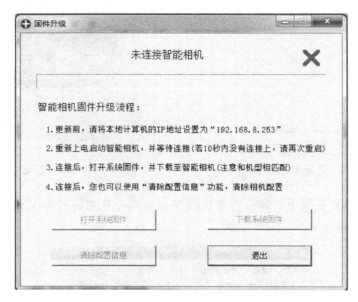

图 37　固件更新工具未连接状态

若以上两步检查无误，但仍无法连接固件更新工具，则可能是相机硬件已损坏，需要进行检测维修。

Q3：相机状态异常。

① 搜索不到任何相机信息。

如图 38 所示，多次单击"搜索"按钮后，仍未搜索到相应的相机，则可能出现的原因主要有如下几种：

➢ 线路不通。检查相机电源线和网线是否正确连接。
➢ IP 设置不正确。查看计算机 IP 是否设置在"192.168.8.2-192.168.0.255"内。
➢ 相机系统加载失败。需要将相机返回给信捷公司的技术人员，进行进一步检测。

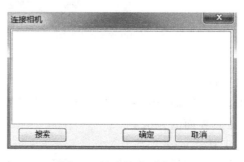

图 38　无法搜索到相机

② 设置相机机型信息失败。

如图 39 所示，若出现"设置相机机型信息失败"的提示，则说明此时相机的版本和上位机软件的版本不一致，上位机软件库中未添加当前相机的类型，需要更新相机的固件版本（一般情况主要是上位机的版本高于相机的当前版本）。

图 39　设置相机机型失败

③ 相机通信异常，读取相机机型信息失败。

如图 40 所示，搜索相机后出现"相机通信异常，读取相机机型信息失败"提示，则主要有如下几个原因：

图 40　相机通信异常

➢ 当前相机中的工具运行时间过长。此时需要清除配置，然后重新优化工具的相关参数，缩短运行时间，一般上位机运行总时间超过 500ms，则该工程不建议下载到相机中运行。
➢ 相机中的脚本工具或其他工具使用不合理，导致当前程序出现死循环等异常问题，需要清除配置后重新检查下载到相机中的程序。
➢ 由于电源干扰或其他空间干扰，导致相机内部程序加载失败，需要考虑相机的电源以及其他可能出现强干扰的部分，尽量减少外部的干扰。

④ 相机自动切换到停止模式。

相机在重新上电后，默认会切换到运行状态，当相机在运行过程中遇到相关的错误，则会自动切换到停止模式，确保相机不再错误运行，此时可以单击"查看"菜单中的"错误信息"命令，根据弹出的错误信息，分析当前的运行错误，错误信息在单击一次之后，会自动清空。

A、固件更新/清除配置后自动停止。

当相机进行固件更新或清除配置后，单击相机运行按钮，相机无法切换到运行模式，此时查看错误提示，若提示"PROCESS-相机配置 CRC 错误"（见图 41），则是因为清除配置等操作后,未对相机写入相应信息。此时分别在相机配置界面单击"写入相机",并单击"下载"按钮,则可以切换到运行状态。

图 41　PROCESS-相机配置 CRC 错误

B、运行一段时间后停止。

若相机运行一段时间后自动切换到停止模式,则主要有以下几个原因:
➢ 受到强干扰,相机数据被破坏,自动切换到停止模式或断开连接。此时需要考虑隔离相机的供电电源或者其他方式减少相机受到的干扰。
➢ 相机本次运行时间太长。由于相机当前视野中出现的图像导致相机中的工具运行时间过长,此时需要重新优化相机中的运行工具后下载。
➢ 相机内存错误。由于本次运算过程中开辟了过大的内存或者出现了内存异常,从而导致相机切换到停止模式,此时需要检查相机中的工程是否出现开辟过大的内存或者脚本对工具结果进行读写运算过程中,对非法地址进行操作(例如,当前工具未找到目标,但脚本中对该工具的目标内容进行读写)。

参 考 文 献

[1] 阮友德. 电气控制与 PLC 实训教程［M］. 北京：人民邮电出版社，2006.
[2] 廖常初. PLC 基础及应用［M］. 北京：机械工业出版社，2003.
[3] 吴明亮，蔡夕忠. 可编程控制器实训教程［M］. 北京：化学工业出版社，2005.
[4] 俞国亮. PLC 原理与应用［M］. 北京：清华大学出版社，2005.
[5] 张万忠，孙晋. 可编程控制器入门与应用实例［M］. 北京：中国电力出版社，2005.
[6] 郑凤翼，郑丹丹等. 图解 PLC 控制系统梯形图和语句表［M］. 北京：人民邮电出版社，2006.
[7] 林春芳，张永生. 可编程控制器原理及应用［M］. 上海：上海交通大学出版社，2004.
[8] 瞿大中. 可编程控制器应用与实验［M］. 武汉：华中科技大学出版社，2002.
[9] 钟福金，吴晓梅. 可编程序控制器［M］. 南京：东南大学出版社，2003.
[10] 黄净. 电气控制与可编程序控制器［M］. 北京：机械工业出版社，2005.
[11] 张桂香. 电气控制与 PLC 应用［M］. 北京：化学工业出版社，2003.
[12] 史国生. 电气控制与可编程控制器技术［M］. 北京：化学工业出版社，2004.
[13] 孙振强. 可编程控制器原理及应用教程［M］. 北京：清华大学出版社，2005.
[14] 宋文绪，杨帆. 自动检测技术［M］. 北京：高等教育出版社，2004.
[15] 陈刚. 传感器原理与应用［M］. 北京：清华大学出版社，2011.
[16] 贾海瀛. 传感器技术与应用［M］. 北京：清华大学出版社，2011.
[17] 何新洲，何琼. 传感器与检测技术［M］. 武汉：武汉大学出版社，2012.
[18] 党安明，张钦军. 传感器与检测技术［M］. 北京：北京大学出版社，2011.
[19] 洪志刚. 传感器原理及应用［M］. 湖南：中南大学出版社，2007.